ブランディングという力

パナソニックはなぜ認知度をV字回復できたのか

Toru Uesaka
上阪徹

プレジデント社

ブランディングという力
パナソニックはなぜ認知度をV字回復できたのか

ブランディングという力

パナソニックはなぜ認知度をV字回復できたのか

目次

第1章

第5章 最も重要と幸之助も語った「インターナルブランディング」はいかに変わったか――157

第6章 事業会社パナソニック「空質空調社」の新しいブランディング戦略

第7章　ブランドとは何か。

はじめに

衝撃のブランド認知度低下は、なぜ急回復したのか？

20代のブランド認知度が、わずか53％。

衝撃的な数字がそこにあった。

誰もが知ると思われていた日本を代表する大手電機メーカー、パナソニック（現・パナソニック ホールディングス＝以下、パナソニックＨＤ）が２０２１年に実施した独自調査で、驚くべき結果が明らかになった。２０１７年に90％だった20代の認知度が、５年で60％を切るまでになってしまったのだ。

ところが、わずか2年後の２０２３年の調査では、76％にまで回復している。それだけではない。衝撃の認知度から、わずか1年で各種ブランド調査の順位を大幅に上げているのである。

ブランド・ジャパン２０２３（ビジネスパーソン編）２０２２年　24位→２０２３年　3位

Best Japan Brands 2023　２０２２年　9位→２０２３年　8位

日経BP「ESGブランド調査」２０２１年 13位→２０２３年 ３位

大きな認知度ダウンと、そこからの急激な回復。パナソニックにいったい何が起きたのか。

同社は２００８年、パナソニック、ナショナルなど複数になっていたブランドをパナソニックに統一。ナショナルブランドはなくなり、社名も松下電器産業株式会社からパナソニック株式会社に変更した。

この大胆で思い切った戦略は、大成功、に見えた。パナソニックのブランド価値はどんどん上がり、ついにはトヨタを抜いて１位になった時期もあったのだ。ところが、その後は順位をずるずると下げてしまうことになる。

インターブランド「グローバル・ブランドランキング」でも、２０２１年の順位は88位と低迷（２０２２年は91位）。

そんな中での20代の認知度低下のニュースである。まさに、ブランド統一から15年で、にわかには信じがたい事態になっていたのだ。

パナソニックHDでは、若年層のブランド認知度の低下は、自社のブランド戦略におけるデ

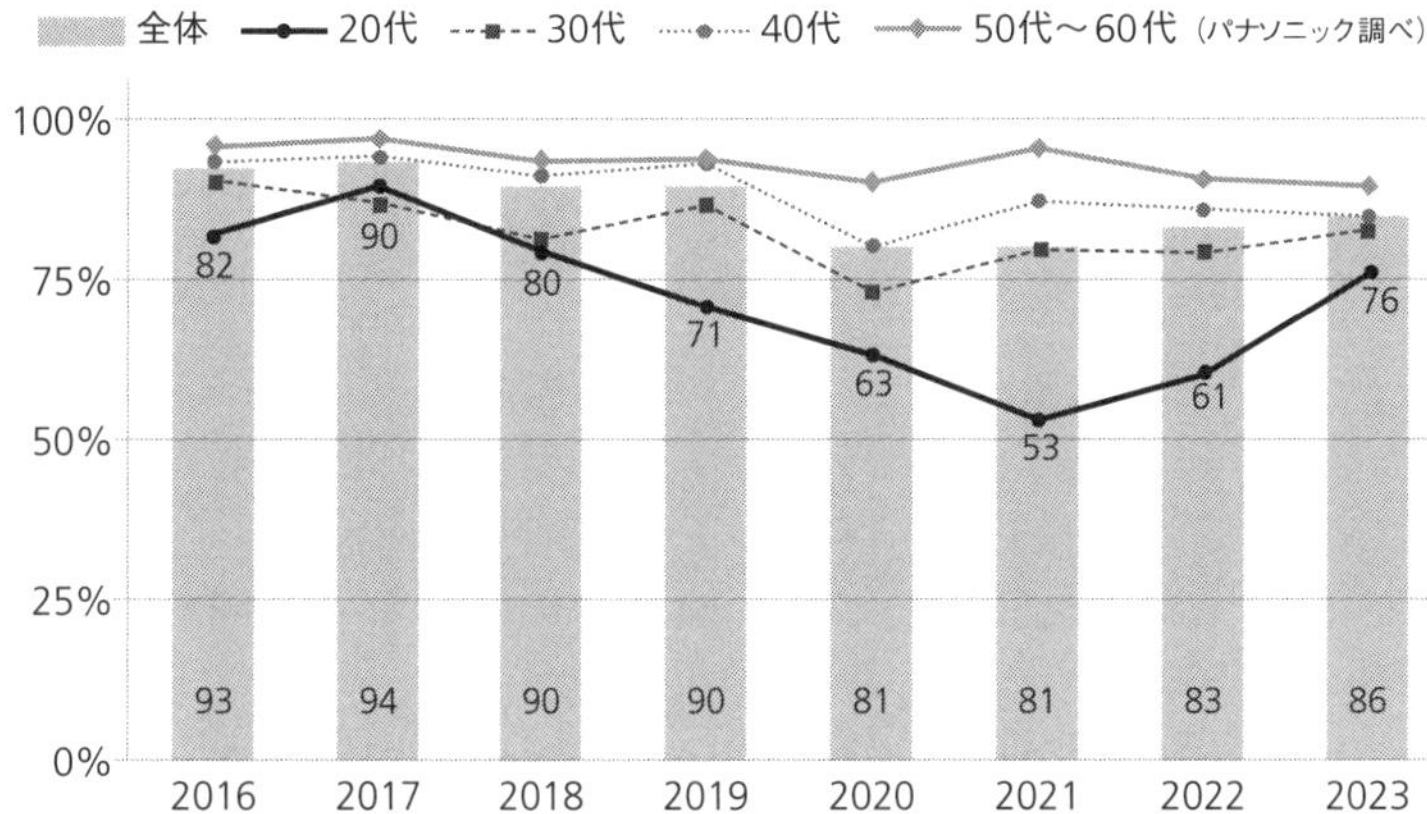

20代～60代の全体では80～90%台を保っているパナソニックブランドの認知度だが、2017年の段階で90%だった20代の認知度が、2021年には53%まで落ちている。

2016年		
順位	ブランド	評価額（ドル）
1	Apple	1781.2億
2	Google	1332.5億
3	Coca-Cola	731.0億
4	Microsoft	728.0億
5	Toyota	535.8億
6	IBM	525.0億
7	Samsung	518.1億
8	Amazon	503.4億
9	Mercedes-Benz	434.9億
10	GE	431.3億
41	Philips	113.4億
42	Canon	110.8億
52	Siemens	94.2億
58	Sony	83.2億
68	Panasonic	63.7億

2022年		
順位	ブランド	評価額（ドル）
1	Apple	4822.2億
2	Microsoft	2782.9億
3	Amazon	2748.2億
4	Google	2517.5億
5	Samsung	876.9億
6	Toyota	597.6億
7	Coca-Cola	575.4億
8	Mercedes-Benz	561.0億
9	Disney	503.3億
10	Nike	502.9億
39	Sony	169.9億
55	Siemens	133.6億
59	Philips	128.0億
91	Panasonic	63.4億
97	Canon	58.3億

インターブランド「Best Global Brands 2016」「Best Global Brands 2022」より
世界的なブランディング専門会社インターブランドが2000年より毎年発表しているブランド価値評価ランキング。パナソニックは2016年の68位から2022年には91位と順位を落としている。

ジタル化の遅れや、ＥＳＧ（環境・社会・企業統治）の取り組み発信が十分でないことが背景にあると分析していた。

もとより売上高が８兆円を超える巨大企業であり、事業の多角化によってブランドイメージが分散してしまったことは否めない。

いわゆるコングロマリットの大企業のブランディング戦略は極めて難しいのが実情だ。実際、ホールディングス化して、さまざまな事業を傘下にぶら下げている大企業の中には、同じような悩みを抱えている企業は少なくない。

だが、こうした中、パナソニックはわずかな期間でイメージを劇的にアップさせたのである。折しもパナソニックでは、２０２２年４月、社名をパナソニックからパナソニック ホールディングスに変更し、「事業会社化」という新体制をスタートさせた。実はここから、ホールディングスと事業会社の棲み分けも含め、ブランド戦略が一新されていたのだ。

例えば、こんな取り組みが挙げられる。

新たなグループブランドスローガンの策定

環境に対する新たな戦略と段階的な発信

ブランド戦略を推進するための組織の構築
新たにユニークなオウンドメディアの立ち上げ
従業員が制作し、従業員が歌った音楽楽曲の配信
インターナルブランディング再編
ホールディングスと事業会社との連携

このたびこれほど短期間で成果を出したパナソニックＨＤの新しいブランド戦略について、関係者に詳しく取材する機会を得た。

なぜ、パナソニックブランドのイメージが急激に変化したのか、パナソニックＨＤはいったい何をしたのか。

ここには、情報が溢れる時代の、これからのブランド戦略の大きなヒントが潜んでいる。


パナソニックグループの新たなブランド戦略を実現したのは、２０２２年にパナソニックＨＤのグループＣＥＯに就任した楠見雄規。

２０２０年に入社、電通出身で外資系企業などでマーケティング経験を積み、ブランド戦略・コミュニケーション戦略担当を２０２３年9月まで務めていた執行役員、森井理博をはじめと

したブランド部門のメンバー。
そして、創業者にして「経営の神様」、松下幸之助、である。

第1章

新しいブランドスローガン「幸せの、チカラに。」はなぜ生まれたか

「20代のブランド認知度が53％」という衝撃

まさか、ここまでとは……。パナソニックグループ内でも、さすがにこの数字は驚きだったようである。20～29歳のパナソニックグループのブランド認知度が53％だったというのだ。

昭和生まれの筆者にとっては、まさに日本を代表する企業の一つ。20代の頃でも、周囲に知らない人間はまずいなかったと思う。それが、にわかには信じられない「認知度53％」なのである。

２０２３年9月まで、パナソニック ホールディングス執行役員ブランド戦略・コミュニケーション戦略担当を務めていた森井理博も驚いた一人だ。

「びっくりしましたね。ほんまかいな、と」

調査が行われたのは２０２１年。コンサルティング会社を経て、森井がグループに加わったのは前年の２０２０年だったが、ブランドコミュニケーション全般を牽引していく立場にあっただけに、さすがに衝撃を受けたという。

「調査のあやもあるんですよ。いくつものブランドが並んでいて、そこから知っているブランドを選んでください、という調査なんです。だから、パナソニックのブランド名を47％の若者がまったく知らないというわけではない。ただ、同じ調査をずっとしてきていて、かつては90％ほどあったものが、53％になったというのは、事実だったんです」

４年前の２０１７年の数字は90％だった。４年で一気に40％近くも数字を落とすことになってしまったのである。何が原因なのかを森井は探ることになる。

「２０１４年くらいから、グループの広告費が一気に減っているんです。それが一つ。そしてもう一つは、若い人向けの商品が少ないということです」

昭和世代は、20代にもパナソニックブランドは身近にあった。ラジカセ、携帯ＣＤプレーヤー、コンポ、携帯電話……。だが、若い人たちが興味を持ち、購入しそうな商品が今やほとんどない。男性ならシェーバー、女性ならヘアケア製品くらいか。

「あとはヘッドフォンでしょうか。それは認知度は下がるわな、と」

もとより入社して森井が驚いたことがあった。２０１２年、２０１３年と連続で７０００億円を超える巨額の赤字を計上し、そこから赤字事業を整理、収益率の高いＢ２Ｂ（企業間の取引）の事業に思い切ってシフトしたのは認識していたが、Ｂ２Ｂの事業が約７割にもなっていたのだ。

「家電製品や民生品が６、７割あって、Ｂ２Ｂ製品が３、４割なのかな、と思ったら、逆だったんです。もはやＢ２Ｂの会社なんじゃないか、と。だから、Ｂ２Ｃ（企業と一般消費者との取引）型のブランディングをやっていたのではダメだな、と。改めてそこに気づかされたんです」

だが、若年層の認知度が下がり、ブランドの存在が薄れていったら未来はない、ということにも気づいていた。

「B2Bで取引先の意思決定者にブランド認知がなかったら、どうなるか。今はグループの名刺さえ出せば、ああ、パナソニックですね、とまずは話を聞いてもらえます。しかし、〝あれ、なんの会社でしたっけ?〟と将来、言われるようになったら、これは危機的状況です」

さらに、若年層は数年もすれば、テレビや冷蔵庫、洗濯機、エアコンといった家電の主要購入層になる。若い人向けの商品がないから仕方がない、などとは言っていられないのである。

「だから、昔のようなB2C型のブランディングだけではなく、B2B型のブランディングをやらないといけないということ。かつまた、若い人たちの層をしっかり意識したブランディングもやらないといけない。それが、新しいブランド戦略の基本的な考え方になりました」

森井の入社から2年後、グループは大胆な事業会社化に舵を切る。その先導役となったグループCEOの楠見雄規と森井は徹底的に議論し、新しいブランディングの方向性を定めていった。

キーワードは二つある。一つは「原点」に戻ること。そしてもう一つは、実は早くからパナソニックが取り組みを進めていた「環境」だった。

昭和のマーケティングは、もう通用しない

ブランドコミュニケーションを統括する執行役員だった森井は、電通でマーケティング局に所属し、さまざまなクライアントとの仕事を経験。その後、あきんどスシローのＣＭＯ（チーフ・マーケティング・オフィサー）や航空会社Peach Aviation、さらにはＰｗＣコンサルティングでマネージングディレクターを務めていた。

パナソニック入社のきっかけは、仕事をしながら事業構想大学院大学の教員を務めていた際、ゼミを一緒に担当したのが、パナソニックで森井の前任者だったことだ。

「突然、後任をやってくれませんか、と言われたんです。当時はＰｗＣに入ったばかりでしたから、いやいや、さすがにちょっと、と言って1年半くらい留保していたんです」

パナソニックの人事担当役員からも何度も連絡をもらった。それならば、と森井は自分がブランド戦略・コミュニケーション戦略の責任者だったら、どんなことをするのか、改めて考えて数十ページの提案書を作った。

「内部情報はわかりませんから、インターネットで情報を調べたりして。そうすると、その提案書をなんとも熱心に見てもらえたんですね。私も手応えを感じました。これならお役に立てるかもしれない、と思って入社を決めたんです」

パナソニックＨＤではここ数年、執行役員や役員クラスで外から人材を導入するケースが増

えてきている。グーグルからの転身が大きな話題になった松岡陽子や、日本マイクロソフトから「出戻り」となったパナソニック コネクトの樋口泰行、P&G、ファーストリテイリング、アクサ生命を経てグループCIO（チーフ・インフォメーション・オフィサー）になった玉置肇などもいる。

パナソニックがブランド戦略担当者を外部から招きたかったのには、理由があった。

「これは前任者曰く、ですが、やはり変えたいという思いが強かったですね。彼にはプロパーの部下もいましたが、そのままバトンを引き継ぐと、同じことが繰り返されていく、と」

前述のように森井のバックグラウンドはマーケティングだった。新しいブランドコミュニケーションを考えるにあたり、今は社内にない、その手法を取り入れたい、ということを盛んにいわれたという。

「もう一つ、いわれたことは、ブランドコミュニケーションのチームメンバーにポテンシャルがあるということです。ただ、能力があるのに新しい方法論がわからない。バラバラなことをやってしまっている。だから、マーケティングの考え方を取り入れてやってほしい、と。ポテンシャルとマーケティングが掛け算になると強くなる。これは、本当にそうでした」

森井は入社する前から、おぼろげに問題点に気づいていた。これは日本の大企業の多くに共通のものかもしれないが、人材が優秀であるがゆえに、データドリブン（データに裏づけられた手法）にならないのだ。

「マーケティングの基本は、最大公約数を取ることなんです。最大公約数の人をターゲットにすえて販売戦略を考える。でも、これは言ってみれば昭和モデルなんです」

昭和モデルでは大量生産、大量消費の呪縛から逃れることができない。実際のところ、パナソニックは1984年に記録した昭和の時代の営業利益の記録を今も塗り替えることができていない。

「では、どんな会社が成長しているか。世界に目を向けると同じ製造業でもP＆Gのような会社があるわけです」

森井は電通時代、そのP＆Gに徹底的に鍛えられた経験を持っていた。

デジタルがない。マーケティングがない

P＆Gは今も世界に冠たるマーケティングカンパニーとして知られる。電通時代、10年ほどP＆Gの担当をしていた森井は、そのマーケティングメソッドを数多く学んだ。自分たちのメソッドを知った上でプランを提案してほしいというスタンスだったからだ。

「このとき徹底的に仕込まれたのが、STPという考え方でした。よくありがちなのは、マー

ケティングがターゲットをセグメント（区分）してしまうという傾向ですが、そうじゃないんです。課題をセグメントするんです」

課題をセグメントすることで、自ずとターゲットがついてくるのだ。

「最大公約数は考えない。例えば洗剤の課題を考えると、そこにターゲットが生じる。匂いを気にする人、洗浄の仕方を気にする人、時間を気にする人……。そうやって課題からターゲットを取捨選択して、商品化していくんです」

ここで求められるのが、データだった。すべてデータで裏取りをしなければならない。

「つまり、主観的にプランニングをしないというのは、大原則です」

この学びを得て、森井はバックキャストマーケティングという考え方を生み出し、後のキャリアでも活かした。

「マーケティングリサーチをやっても、欲しい商品なんて出てこないわけですね。だから、買った人というファクトから逆にさかのぼるんです。ファネル（商品を認知してから購入までの顧客の行動パターンを図式化したもの）をさかのぼれば、外れはないと思ったんです」

あくまでファクトを取りにいく。今はこの手法が、データドリブンマーケティングという言葉で当たり前になっている。そして、この言葉がパナソニック側に刺さったのだという。

「新体制になって、グループＣＥＯの楠見から、２年間は競争力強化、実力を高めるんだという方針が出ました。ですから、ブランドコミュニケーションチームもそれをやろうということで、データドリブンとマーケティング、この二つを軸にして力をつけてきたんです」

森井は、人口１万人ほどの奈良の小さな街に育った。その街にもあったのが、パナソニックショップだった。テレビや家電が置いてあり、都会の象徴のような存在だった。

「その記憶があったので、入社して、なるほど一流企業はこういうことかと思いましたね。みんな頭がいい。そして、とてもまじめ」

ただ、課題もわかった。何をするにも遅い。時間がかかる。それ以上に危ういと思ったのは、デジタルがなかったこと。データが重視されておらず、データドリブンに物事が考えられていないと改めて感じたのだ。マーケティングも足りなかった。背景にあるのは、昭和型の成功体験だった。

「頭がいいんです。だから、データがなくても考えられる。最大公約数型のブランディングをやろうと思ったら、ある程度はできてしまう。ノウハウもありますしね。その文化が綿々と引き継がれてきたわけです」

だから前任者は、このままでは変われないから外の血を入れないといけないと考えたのだ。足りないのは、データドリブンであり、マーケティングだった。

「楠見がグループＣＥＯに就任するとき、課題を感じているなら教えてほしい、と言われたんです。それでデジタルがない、と伝えたら、〃そうそう、その通りや〃と。〃私の課題と同じやな。今日は朝から気分がいい〃とメールに書いてあったのを今も覚えています」

60年ぶりに経営基本方針を改訂したCEO楠見の意思

森井の入社から2年後、パナソニックグループCEOの楠見は思い切った経営改革に踏み切る。2022年4月に持ち株会社制に移行、パナソニック ホールディングスが七つの事業会社を束ねる新体制へと変わったのだ。

ひとつ、興味深いことがある。グループCEOの楠見は、この新体制を必ず事業会社制と呼ぶのだという。ホールディングス制ではない。なぜかというと、事業会社があくまで主役だからだ。

ホールディングスは、〃主人公〃たる事業会社を最大限にバックアップする。下支え役だということだ。多くのホールディングスでは、考え方が逆ではないだろうか。持株会社が傘下の事業会社を率いていく、という考え方だ。

しかし、楠見はあえて逆を行く。それが楠見のこだわりなのだ。だから、ホールディングスの執行役員は、事業会社に気持ちよく頑張ってもらえるようサポートしなさい、と言われたと

パナソニック ホールディングス株式会社

パナソニックグループの経営戦略策定・ガバナンス、技術・新規事業開発投資等に関連する活動

パナソニック株式会社

くらしに関するエレクトロニクスメーカーとしての開発・生産・サービス活動に関する事業

- 中国・北東アジア社
- くらしアプライアンス社
- 空質空調社
- コールドチェーンソリューションズ社
- エレクトリックワークス社

パナソニック オートモーティブシステムズ株式会社

車載関連機器の開発・製造・販売活動に関する事業

パナソニック エンターテインメント&コミュニケーション株式会社

映像・音響・通信関連製品の開発・生産・販売・サービス活動に関する事業

パナソニック ハウジングソリューションズ株式会社

住宅設備・建材の製造・販売・施工活動に関する事業

パナソニック コネクト株式会社

航空・製造・エンターテインメント・流通・物流・パブリック分野向け機器・ソフトの開発／製造／販売／SI／保守／サービス含むソリューションの提供に関する事業

パナソニック インダストリー株式会社

電子部品、制御デバイス、電子材料等の開発・製造・販売活動に関する事業

パナソニック エナジー株式会社

乾電池、ニッケル水素電池、リチウムイオン電池、蓄電システム等の事業領域における開発・製造・販売活動に関する事業

パナソニック オペレーショナルエクセレンス株式会社

パナソニックグループのガバナンス、モニタリング、オペレーション高度化支援についてのサービス提供活動に関する事業

パナソニックホールディングスは、事業会社化により7つの事業会社により構成されている。最下段のパナソニック オペレーショナルエクセレンス株式会社は、人事、経理、法務、ブランドなどの専門スタッフが集まった会社。グループ全体に各部門の持つ専門性を提供している。

いう。

楠見の大胆な経営改革は、グループＣＥＯに就任が決まってから徹底的に練りに練られたものだった。グループをいかに率いるか、熟考した楠見が行き着いた先、それはパナソニックグループの前身である松下電器産業を創り出した創業者、松下幸之助の経営理念だった。原点に立ち帰ることだったのだ。

楠見は社長就任後、周囲にこういっていたという。おかしな手は使わない。正攻法で行く、と。

グループをどうしていくか、考え抜いた結論は、こういうものだった。今のパナソニックグループが弱いのは、創業者の幸之助がこだわって制定した経営の理念が、正しく遂行されていないからだ、実践されていないからだ、と。

これに尽きる。おかしな手をこね回したりしない。正攻法の原理原則を、もう一度、徹底しよう、と。それは強烈な意志だった。

もちろん、執行役員の間でも議論があった。それは必要条件かもしれないが、そんなことで本当に改善が行われるのか、という意見もあった。

しかし、楠見の意志は揺るがなかった。もうこれしかない、と。

幸之助の大番頭といわれていた元会長の高橋荒太郎が60年前に作り、全社員が読むことを求められていた「経営基本方針」があった。それは、60年間、改訂されていなかった。言葉も古くて、時代に合っていないものもあった。それを楠見は自分で変える、といい出した。幸之助の研究をしているスタッフもたくさんいる。そうした専門家も集めて、楠見が最初に行ったのが、経営基本方針を改訂することだった。

Ａ４で20ページにもなる経営基本方針を、楠見は60年ぶりに自ら改訂したのである。この「原点」が、第２章で詳しく解説する「環境」と並ぶ新たなブランディング戦略の２本柱になっていく。

幸之助が大事にしていた「物心一如」こそ

創業者の理念に立ち戻り、楠見は経営基本方針を60年ぶりに改訂した。経営陣の頭の中に浮かんだのは、これをベースに新しいパナソニックグループのブランドコミュニケーションを組み立てることだった。森井はいう。

「社員はともかくとして、世の中の人に経営基本方針を理解してもらうのは難しい。そこで、当社が目指す姿をわかりやすく伝える表現を作りましょう、といったんです。そこから、経営基本方針を社会の皆さんにどう伝えるかをディスカッションしていきました」

森井のこだわりは、はっきりしていた。もともと広告会社での経験がある。20ページもの膨大なものが、簡単に伝わるはずがない。キャッチフレーズのように、ズバッと響く一言でなければ難しい。

経営基本方針を一言で言ったら何か、と楠見に問うと〝物心一如〟という言葉が返ってきた。〝これに尽きる〟と。

物心一如とは、物質と精神は一体であるという考えの仏教用語だが、創業者の幸之助がこの言葉を使っていたのだ。

幸之助といえば、水道の水のように良質なものを大量供給しようという「水道哲学」がよく知られているが、その前提としてあるのが、物心一如だった。精神的な安定と物資の無尽蔵な供給が相まってはじめて人生の幸福が安定する、という考えだ。

当初は、物心一如を使うことを考えたが、宗教用語でもあり、それは難しかった。では、物心一如を現代語にして、経営基本方針を代表する言葉として伝えることができればいいのではないか、という話になった。

こうして楠見が自ら物心一如を翻訳したものが、「物と心が共に豊かな理想の社会の実現」だった。

「ただ、これでは世の中の人にはわからない、ですよね。若い人たちが、すんなりと受け入れてくれるフレーズでもない。それで一度、ブランドコミュニケーションチームに預けてくれ、と言ったんです。スローガン化しますから、と」

外部のコピーライターなどに依頼する、という方法もあった。しかし、それは違うと感じた。

「だって、自分たちのものじゃないですか。しかも、経営の中枢の中枢の話です。だから、みんなで考えよう、と」

こうして森井率いるブランドコミュニケーション部門は、二つの取り組みに挑んだ。一つは、楠見がそうしたように、松下幸之助に立ち戻ること。幸之助の言動を片っ端から調べた。そうすると、幸之助が最後に行き着いた言葉が見えてきた。それが「幸せ」だった。

有名なエピソードがある。幸之助が松下記念病院に入院していて本当に忌(いまわ)の際(きわ)になったとき、当時の役員を呼んで訊いた最後の質問が記録として残っているのだ。それは、この言葉だった。

〝従業員は幸せに働いとるか〟

ブランドスローガン「幸せの、チカラに。」を定める

幸之助が第二次世界大戦後、ＰＨＰ活動を始めたことはよく知られている。ＰＨＰとは「Peace and Happiness through Prosperity」。ここでも〝Happiness〟だった。

「これは仮説ですが、その晩年を辿ってみると、幸之助は幸せの追求者になっていたんです。まさに幸せの哲人になっていた。だから、〝幸せ〟という言葉こそ原点にふさわしい、ということに気がついたんです」

ただ、ここで終わらなかったのが、今回のパナソニックのブランド戦略だった。求められていたのは、現代のブランドコミュニケーションだったのだ。ただ過去に立ち戻るだけでは〝古い〟で終わってしまいかねない。そこで、もう一つの取り組みとして「今」を見つめた。しかも、データで、である。

森井のもとで実行戦略を担ってきたメンバーに話を聞いた。パナソニック ホールディングスコーポレートコミュニケーション戦略グループＧＭの深尾祐紀子も、その一人だ。

「不寛容の時代とかＶＵＣＡの時代とか言われていますが、今、どんな価値観を世の中が求めているのか調査したんです。経済の発展状況が異なる七つの国を選んで調べました」

このときに使った手法が、デジノグラフィカルサーベイだ。

エスノグラフィカルサーベイという民俗学や文化人類学などで広く行われている研究手法がある。フィールドワークによって行動観察し、その記録を残す手法をマーケティングリサーチに取り入れたものだ。

このデジタルバージョンを広告代理店の博報堂が開発。ＳＮＳに投稿されている文脈をマイニング（採掘）しながら、デジタル空間上のビッグデータを分析できるようにした。深尾は続ける。

「当社のビジョン『物心一如の世界』という考え方を受けて、wellbeing、つまり、心の豊かさというものに対して、人は何を求めているのか、どんな価値観が求められているのか調べたわけですね。すると、7カ国で一つだけ共通する価値観があったんです。それが〝Sustainable Happiness〟でした」

〝Happiness〟には二つの種類がある。一つは、ラグジュアリーホテルに泊まる、いいワインを飲む、といった瞬間的な〝Happiness〟である。先進国では、こうした〝Happiness〟もあったというが、国によっても違ったという。7カ国に共通していたのは〝Sustainable Happiness〟だったのだ。

「ここでも〝幸せ〟という言葉が出てきたんです。私たちが追求する〝物と心が共に豊かな理想の社会の実現〟は何を前提にしないといけないのかというと、世の中の人々の〝Sustainable Happiness〟、継続的な幸せだとわかったんです。そこに貢献するのが、パナソニックグループ。まさにこれこそパーパスなのではないか、ということを見つけていったんです」

〝幸せ〟という言葉が使い古された言葉であることは知っていた。当たり前過ぎる言葉だからだ。だが、それでもスローガンづくりに挑戦してみようと100以上のフレーズを出した。それをミーティングルームにすべて張り出し、ブレーンストーミングを行い、3点に絞った。最後は役員クラスにも見てもらい、どれが一番しっくりくるか、聞いた。すると、多くの経営幹部が選んだものがあった。

これこそが、後にブランドスローガンとなる「幸せの、チカラに。」である。深尾はいう。

「スローガンをどう使うか、などということは決まっていませんでした。まずはこれをベースに楠見の思いを世の中に伝えたかったんです。経営基本方針であり、パーパスであり、〝物と心が共に豊かな理想の社会の実現〟を代弁した言葉でした」

深尾はもちろん幸之助を知っていた。著書も読んでいた。だが、改めて調べて、そのすごさを知ったという。

「すごい人だと思いました。どうしてこんなことを100年も前に考えていたのか、驚きました。それこそ、今の時代が幸之助に追いついてきたんじゃないかと思えるくらいでした。パーパスドリブン経営も、環境も、利他の精神も、ずっと昔から幸之助は言っていたんです」

幸之助については、改めて第3章で詳しく書く。

グローバルにもブランドスローガンを展開

ブランドスローガン「幸せの、チカラに。」には、細部にいたるまで、ブランドコミュニケーションチームの思いがこもっている。フレーズの中に「、」や「。」が入っているのも、意味があるのだ。

同じく森井のもとで実行戦略を担ってきたメンバー、パナソニック ホールディングス ブランド戦略グループGMの園田俊介は語る。

「これは広告のレトリックなんですが、〝幸せの〟のあとの〝、〟は、〝それぞれの〟という意味なんです。そして〝チカラに〟のあとの〝。〟は、私たちの意志を示しています。私たちパナソニックの各事業部は、それぞれの製品とサービスをもって、皆さまの幸せのチカラになりたい、ということです」

チカラが、カタカナになっているのも意味がある。

「漢字にしたら、〝幸せの力に。〟となりますが、カタカナの〝カ〟にも見えるんですよね。可読性が悪いんです。あと、やっぱり漢字よりもカタカナのほうが親しみ感もあるし、すっと入ってくる。堅苦しくないというか、重くないというか。だから、漢字ではなくて、カタカナなんです」

100以上のフレーズの中からチームで絞り込み、最後は社内のクリエイティブチームがフレーズを仕上げた。

楠見が改訂した経営基本方針は、45カ国語に翻訳して全世界の従業員に配られている。現地語で書かれていなければ、我が事という感覚にはならないという。

そしてブランドスローガンも翻訳されている。深尾はいう。

「これはさすがに45カ国語で作るのは難しいので、日本語と英語と中国語の三つにしました。これで9割ほどはカバーできますので。ただ、直訳はやめようということだけは気をつけました」

日本語の「幸せの、チカラに。」は、英語では「Live Your Best」とした。〝Happiness〟という言葉は使われていない。「持続的」なニュアンスを作りたかったからだ。中国語は「关护无界 身心如悦」。これは、「どこまでも寄り添う 心身の喜びのために」という意味だそうである。言葉というよりは、ニュアンスがしっかり伝わる言語フレーズが選ばれている。

冒頭で若年層の認知度について触れたが、アメリカでもパナソニックの認知度は下がっていた。国土が広く、日本のような多くの人が見るマスなテレビメディアもないアメリカでは、ブランド浸透は簡単なことではない。また、アメリカでのテレビ事業からはすでに撤退しており、B2B商品がほとんどということが大きな原因だ。

課題の一つに森井があげていたが、これまではブランディング予算の約8割が日本国内で使われていたという事実もある。コロナ禍によるさまざまな制約も緩和されたところで、予算の配分も含めたグローバル展開の新たな取り組みはこれからである。

ちなみに中国では、パナソニックブランドの浸透度は高い。というより、松下ブランドと言ってもいいかもしれない。後に触れるが、改革開放を始めた１９７０年代の中国で、同国から請われたとはいうものの、真っ先に手を上げて進出し、工場を建設したのが、松下幸之助だったからだ。

「井戸を掘った人間をリスペクトする」。それが、中国の考え方だ。だから、車はフォルクスワーゲンであり、家電はパナソニックなのである。

中国では「松下（ソンシャー）」で通じる。

経営戦略と一体となってブランド戦略を推し進める

事業会社化で七つの事業会社ができたが、人事や経営、法務、広報など専門スキルを横串で各社に提供する会社も別にできた。それが、パナソニック オペレーショナルエクセレンス株式会社である。

ホールディングスのコーポレートコミュニケーション戦略とブランド戦略を担っているのは10名ほどだが、オペレーショナルエクセレンスにも多数の実行部隊がいる。

新体制になって、ブランドに関わる組織はどう変わったか、園田はこう語る。

「ブランド部門が、経営戦略部門の一つとなり、経営戦略と一緒になった、ということが最も特徴的なところだと思います。ですから、経営と一体となってブランドをどう作っていくか、という視点に立って、取り組みを進めています」

多くの会社がそうかもしれないが、いわゆるブランド戦略を担う部門は、宣伝やコミュニケーションの一環として位置づけられ、組織もそう紐づけられていることが多い。パナソニックもかつてはそうだったというが、新体制によって経営戦略と一体となったのだ。

「経営戦略との表裏一体として、コミュニケーションに落とし込まれていく。これをグループの紐帯（ちゅうたい）と我々は呼んでいますが、パナソニックというブランドは、グループの紐帯そのものであり、紐帯としてのブランドをどう出していくか、ということがブランド部門の役割となります」

話をややこしくしているのは、七つの事業会社にも、それぞれブランド戦略はあることだ。最大規模のパナソニック株式会社は、多くの家電製品を持ち、積極的にテレビCMなども行っている。

また、アメリカのソフトウェア会社ブルーヨンダーと一体となり、「現場の困りごとを解決する」という特徴的な事業を展開するパナソニック コネクトのようなB2Bの会社も、自社

Panasonic

パナソニックのロゴマーク。マザーブランドであるパナソニックの価値を高めながら、7つの事業会社がそれぞれの戦略を展開する。ブランドコミュニケーションの役割がより高度になった。

独自のロゴを持ち、積極的に事業会社ブランドの発信を行っている。

「新しい体制のもとでは専鋭化、自主責任経営といったキーワードのもと、それぞれの事業会社は取り組みを推し進めています。そんな中で、マザーブランドたるパナソニックというものの価値を高めながら、全体最適と個別最適をバランスしていくのが、私たちの仕事になります」

コーポレートコミュニケーション戦略グループGMの深尾は語る。

「大事なことは、社会から見たときに、ブランドとしてどう見えるか、ということです。パナソニック株式会社、エンターテインメント、ハウジングがパナソニックブランドを使い、コネクト、エナジー、オートモーティブ、インダストリーがパナソニックブランドに加えて事業ブランドを合成してそれぞれの発信を行っています。それを、グループとしての見せ方と、個社が立っていく見せ方を、うまく役割分担する。そうしながら、一緒にどう相乗効果を図っていくか、というところでディスカッションを重ねています」

ブランド戦略を経営に紐づけ、かつ各事業会社のブランド戦略とも連携する。ブランドコミュニケーションの役割がより高度に、より幅広くなったということだ。

持株会社と事業会社、「土地」と「家」という違い

一般的にいって、事業会社を傘下に持つ持株会社の形になったことで、ブランド戦略に苦心している大企業は実は少なくない。グループといっても、それぞれの事業内容や顧客ターゲット、さらには事業規模が大きく異なったりすれば、持株会社がコントロールするのは簡単なことではない。

かといって、事業会社にブランド戦略を委ねてしまうと、グループ全体の一体感や統一感が失われ、グループとしてのスケールメリットを打ち出せない。グループとしてのブランドとは何か、それをしっかり定義しておかなければ、うまくはいかない。

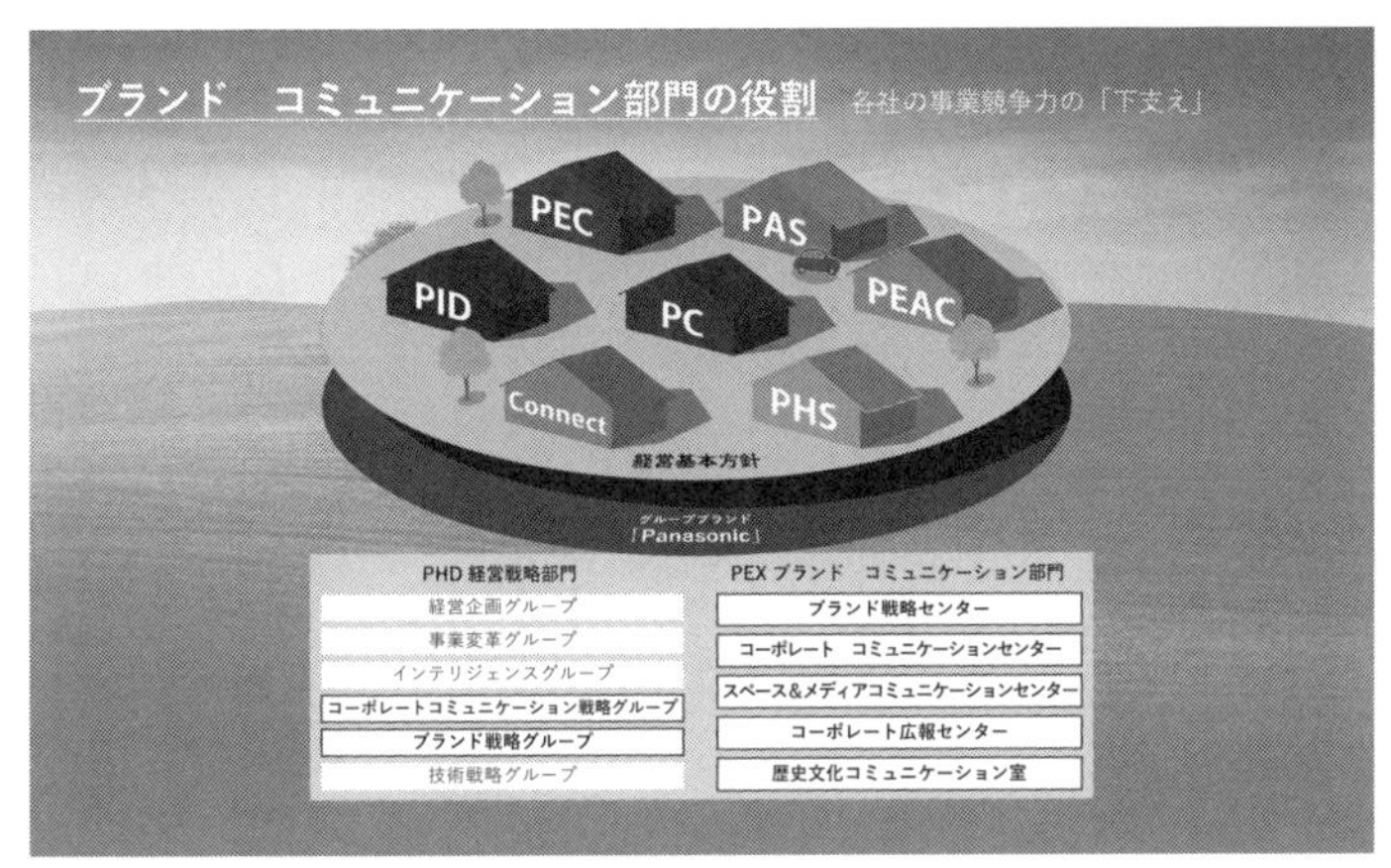

パナソニックホールディングスのブランディングは、土地を耕すこと。
その上に7つの事業会社が家を建てる。
「家」の評価が「土地」の価値を上げる。

この点、新体制になるにあたり、森井はしっかりとした青写真を描いていた。

「本当のところは、ここには解はないんです。ホールディングス制をとっている会社は、ものすごく難しいと思います。実際、悩みを聞いたことがあります」

そこでブランド戦略チームがまず決めたのは、役割分担を明確にする、ということだった。わかりやすく「土地」と「家」を図にしたのだ。

「ホールディングスが行うブランディングというのは、言ってみれば土地を耕すことなんです。土地をしっかり整備すること。一方で、事業会社には、その上にいい家を建てていただく。基本的には、この役割分担でいこう、と」

ホールディングスは、事業会社が建てる「家」に言及することはしない。ホールディングスは、事業会社が「家」を建てる「土地」について、どう価値を上げるか、に腐心する。そういう役割だと宣言したのだ。

しかし、(土地の提供を)受ける側の事業会社に、実はブランドチームが、かつてはなかった。多くの家電を扱うパナソニック株式会社にはありますが、ほかの六つの事業会社にはなかった。「それではのれんに腕押しの状態になってしまうので、まずは各事業会社にブランド担当役員をアサインしてほしいとお願いしました」

「家」づくりの責任者をはっきりさせるということだ。パナソニック株式会社以外の6社にも、ブランド担当役員を置いてもらったのである。その上で、ブランドチームも作ってもらった。兼務でも構わない。実際、各分社の商品マーケティング部隊を含めると100人規模のパナソニック株式会社のようなブランドチームもあれば、広報兼務で10人という事業会社もある。

その上で、「ブランドコミュニケーション機能コミッティ」が設立された。

ガバナンス3職能と言われている人事や経理、法務は、ホールディングスがかなりガバナンスを効かせる。しかし、ブランド戦略ではそういうことはしない。そんなことをしたら、事業会社のブランド担当役員から、どうしてあなたにわれわれのブランド戦略を評価されないといけないのか、と反発を受けることになってしまうからだ。では、なぜ担当役員、ブランドチームを置いてもらったのかというと、情報共有をしっかりしたかったからである。

コミッティは月1回、開催される。そこで行われるのは、情報の共有と議論だ。ホールディングスとしては「土地」の価値を上げるために、こんな施策をしている、と伝える。

「〝土地〟の整備も一方的に進めたりはしません。こうしようと思っているんだけど、どうですか、と問いかける。その返事を聞いてから、実践します」

一方で、それぞれの事業会社が「家」づくりでどんなことをしているのか、報告してもらう。成功事例も共有する。異なる事業でのブランド関連の横連携は、かつてはなかなか機会がなかった。しかし、コミッティを設けたことで、それができるようになった。

毎回、グループ各社から40人ほどが参加するコミッティは、グループのブランドコミュニケーションの最高意思決定機関になっているのだ。

加えてブランド戦略チームは、戦略を実践する上でのプランニングのフレームワークも提供し始めている。「パナソニック・ブランディング・ウェイ」。200ページにもなるノウハウ集だ。これが浸透すれば、共通言語で会話ができるようになる。

しかも、ノウハウに加えて、必要なら人材も各社に供給するという。いずれにしても、全体でどんなことが行われているのか、それを各社がしっかり理解することが重要なのだ。

実際、月1回のコミッティで、雰囲気はずいぶん変わったという。〝土地〟についての要望が直接的に来るようになった、ということも含めて。

テレビは若者にリーチできない、の嘘

パナソニックグループの新しいブランドスローガン「幸せの、チカラに。」は、経営の中枢の中枢から生まれたスローガンだ。さぞや予算と力を入れて大々的にキャンペーンを展開したのだろう……と思いきや、特に派手なキャンペーンを展開することはなかった。

また以前のスローガン「A Better Life, A Better World」のように、商品のテレビCMでパナソニックのロゴと一緒に使われたりすることもない。

それは「幸せの、チカラに。」が、コミュニケーションスローガンではなく、ブランドスローガンだから、だという。パナソニックグループの存在意義そのものを伝えるときにだけ使っているのだ。園田はいう。

「私たちホールディングスの役割は、グループ全体の価値を上げていくことです。一方、各事業会社の役割は、自分たちの商品やサービスにフォーカスして競争力を高めていくこと。ホールディングスの役割が各事業会社の商品広告に顔を出したりすると、おかしなことになります」

もちろん「パナソニックグループの存在意義そのものを伝える」ときには、ブランドスロー

ガンは使われている。ボタニカルやダイバーシティをイメージしたポスターも作られていた。

また、テレビＣＭも展開してはいるのだが、「見たことがないぞ」という読者も少なからずおられるかもしれない。とりわけ若くない人は、である。これには理由がある。大きな費用のかかるテレビＣＭは、極めて戦略的に活用されているからだ。

「ホールディングスは事業を持っていません。ブランドライセンスフィーという賦課費を事業会社からいただいているだけで、大きな予算はないんです」

パナソニックのブランディングの予算は２００７年がピークだったが、今はその半分ほどだという。だから、テレビＣＭをガンガン打つことはできない。森井はいう。

「本当は、もっとほしいんですけどね（笑）。でも、少ない予算をなんとか活用するために精緻な設計図を描いているんです」

ここで行われているのが、前述したデータドリブンのコミュニケーションプランニングなのだ。実際には、テレビＣＭをやみくもに打ったところで、ターゲットに届くとは限らない。肝心のターゲットが見ていなければ、意味はないからだ。

「ザルで水をすくうようなことではなくて、ピンポイントでＲＯＩ（投資収益率）が高い方法を採ろう、ということです。テレビＣＭも、この方針でやっています」

テレビの広告媒体枠の選定は、今では業界でトップクラスではないか、という。

「10項目ほどのチェックポイントを電通と一緒に作って枠を選んでいます。ポイントは課題になっている若年層が最も見ているところに打つことです」

若年層の認知度53％が、わずか2年で76％まで上がっていることはすでに書いたが、それにはこのテレビの戦略が大きいのではないか、と語る。

「若者はテレビを見ないからデジタルだけで展開していればいい、と考える人がいます。それは素人の発想です。実は若年層もテレビは見ているんです。番組によっては」

もちろんデジタル広告も行われているが、デジタルだけだと認知は上がらない。最大のリーチメディアはやはり、テレビなのだ。見ていないと言われていても、やはり見ているのである。若年層が見ている比率の高い番組帯、しかも好感度の高いものを選べばいいのだ。

流されているのは、ブランドスローガンの「幸せの、チカラに。」、そして次章で語る「環境」をテーマにしたコマーシャルだが、別の部門の役員から「見たことがないぞ」と言われることもあるのだという。

「それは、あなたはターゲットじゃないからです」と、森井は答えたという。

若者が実はテレビを見ているという象徴的な話を聞いた。今、テレビ広告出稿量を増やしている企業はどこか。グーグルやアマゾンなのだ。

「デジタルメディアで自分のプラットフォームで広告を打てば無料ですむはずなのに、どうしてわざわざテレビを使うのか。自分たちのメディアではリーチ（広い範囲に到達）できないからではないか。若年層だからデジタルにシフトしていると考えがちだが、まだまだテレビの存在感はあると思う」

ただし、リーチはテレビだが、エンゲージする（強いつながりをもつ）にはデジタルがいいという。

デジタル、CEOのブログ、インターナルブランディング……

パナソニックグループとしての「土地」を耕す発信、デジタル領域でも注目の取り組みがある。事業会社でも、商品軸でさまざまなデジタル発信が行われているため、ホールディングスとしてできることは限られているというが、やはりここでもフォーカスされているのは、若年層だ。

「グループ内でパナソニック発のサイトはたくさんあるんです。では、ホールディングスとしては、どうするべきか。若手のチームに任せたところ、いろいろ考えてくれて、こうしましょう、と」

単に情報を発信するのではなく、対話型のオウンドメディアが作られているのだ。これが「q

&d」。詳しくは第4章で紹介するが、これぞまさにパナソニックグループと若年層がエンゲージできそうなユニークなコンセプトを持ったメディアなのだ。

「question and dialogue ですね。面白いものを考えてくれました。徐々に広がってきていて、とても好評です。思い切ったコンテンツ作りをしているので、我々の世代からしたら、正直、大丈夫かな、と思ったんですが」

若者のことは、若者にしかわからない。だから、若者にデジタル戦略を委ねた。そうすると、若い世代ならではの肌感覚、シビアな感覚をベースにした緻密なメディアができた。

「だから、ファンがついてきているんでしょうね。誰が作ってもいいわけじゃない、ということなんでしょう」

もう一つ、グループ発信で極めて興味深いのは、グループCEOの楠見が自らメッセージを発信する場を作ったことだ。

もともと楠見は、ツイッター（X）などを使って積極的に対外的に発信するようなタイプではなかった。そこで、自発的に発信してもらおうと考えたのだという。

これが若年層に人気のSNSのひとつ「note」なのだ。かなり長文のブログをプラットフォームに掲載できるというものだが、そこに楠見のブログを掲載している。

フェイスブックはユーザーの年齢層が高い。ツイッターではメッセージが短すぎる。かといってインスタグラムはちょっと趣きが違う、と。それでｎｏｔｅになった。

ベンチャーの社長ならいざ知らず、上場会社の社長が自らｎｏｔｅでブログを発信していくというのは、あまり聞いたことがない。しかし、２０２１年7月15日の「楠見、ｎｏｔｅはじめます」の第1回の記事から、2年間で約30本以上の原稿が掲載されている。

ブランドアンバサダーに就任した大坂なおみさん（プロテニスプレーヤー）について書いたものもあれば（就任裏話も）、新しいブランドスローガンについて熱く書いた記事も。中には、趣味の料理やバーチャル自転車についての記述もある。

最終的なサポートは受けているとはいうものの、基本的には楠見が自分で文章を構成しているという。

「もちろん対外的に発信するという意図も大きいんですが、同時にミラー効果も大きいんです。グループの従業員が読んでくれている。外のニュースを見て自分の会社を知るという若年層が多いんですね。だったら、楠見自身から発信してもらえばいい、と」

実際、従業員の読者は多い。そして「土地」を耕す発信として、欠かすことができないのが、インターナルブランディングだと森井は語る。

「従業員が変わらなければ、社会の評価が変わったところで、パナソニックグループは変わったことにはならないんです。だから、楠見もインターナルブランディングが一番大事だと言っています」

ただ、これが簡単ではない。パナソニックグループの従業員は23万人もいる。日常的にパソコンを使う仕事をしている人もいるが、そうではない人もいる。国内のみならず、海外の従業員も多い。23万人の全員に流布できるインフラがないのだ。

「幸之助ですら、社内のインターナルブランディングは一番難しい、と言っていました。なかなか伝わらない、と。カリスマ性のあった創業者ですらそうなんですから、難しくないわけがない。だから、noteもやるし、いろいろな取り組みもやるんです」

だが、23万人に加えて家族も味方にできれば、世界中で100万人規模になる。ひとつの都市のようなものだ。そこで手始めに、社内報のリニューアルが行われた。かねてより日本経団連推薦社内報で何度も表彰経験があるパナソニックの社内報だが、新しいブランドスローガンを受けてがらりと変わった。詳しくは、第5章で紹介する。

事業会社にできない課題に、グループで向き合う

ホールディングスとしてのパナソニックブランドのブランド戦略について、森井が率いていたブランドコミュニケーション部門が意識したのは四つだ。

まずは、二つの柱を明確にする、ということ。一つはグループのブランドスローガン。グループCEOの楠見が最も内外に伝えたかったこと。そしてもう一つは次章で詳しく書く「環境」だ。

「しっかりと柱を明確にしないとブレるんです。だから、グループとしてやるのは、もうこの2本ですよ、と決めて徹底的にやる」

続いて、喫緊の課題にフォーカスすること。最も端的だったのは、社内に衝撃が走るほど認知度を落とした若年層対策だった。

「これをカバーしないことには、グループの未来はない。将来のB2Bの意志決定者であり、家電購入者になるわけですから。しかし、ターゲットをしっかり定めてビジネスを展開している事業会社に、こういうことは考えられません。まさにこれこそ、グループで、ホールディングスでやることなんです」

課題がはっきりしたからこそ、やるべきことが見えてきた、とも言える。

さらに意識した三つ目は、インターナルブランディング。社内向け発信だ。これはブランドコミュニケーションのチームだけでできることではないので、グループCEOの楠見をはじめ、人事部門も巻き込んでいる。

経営基本方針の認知、理解まではずいぶん進んだというが、実践ができていない。だから、外資系企業の取り組みをヒントに、「パナソニック・リーダーシップ・プリンシパル」ができた。行動指針のようなものだ。これを社内にどう浸透させていくか、ブランドコミュニケーション部門としても取り組みを進めている。

求めているのは、自律的な動き、自発的な活動だ。その一つが後に紹介する「ロードスター」プロジェクトだ。社員が自ら音楽制作を行い、歌いたいと手を上げた社員が次々に歌い、それをビデオにして発信したプロジェクトだ。

「実は（音楽制作については）まったく知らなくて、あとで驚くことになったんですが、自発的な活動が増えていくのはいいことだと思います。特に今のような時代には」

若い社員たちが、音楽が若年層に刺さるコンテンツだ、ということをわかって展開したのである。森井は続ける。

「私はCキューブという言葉を使っているんですが、コンテンツ、コンテクスト、コンタクトの三つ。この三つが伴わないと、どんなにお金をかけても伝わらないんです」

例えば、若年層向けのコンテンツを作ったからといって、新聞で流しても伝わらない。若年層は新聞を読んでいないからだ。また、硬い文脈で作ってしまったら、そもそも伝わらない。

「だから、コンテンツと文脈（コンテクスト）とメディア（コンタクト）が三位一体になって初めて伝わるんです。これをCキューブ戦略と言っていますが、『ロードスター』は完全にこれができていたんです。どうして音楽なのか、に意味があった」

YouTubeで見ることができるが、なるほどそういうことか、と驚かれるかもしれない。

こちらも、詳しくは第4章で書く。

成果をきちんと問う仕組みをつくる

そして森井が意識したこと、四つ目が、成果をきちんと問う仕組みをつくることだ。大原則だが、やりっぱなしにしないということである。実際に、中間KPIを設定し、何が成果になるのかを公表している。

ただ、問題なのは、コミュニケーションとしての事業会社の〝家〟づくりと、ホールディングスの〝土地〟づくりは、世の中の人から見たら、どちらがやっていることなのか、わからないということだ。

特に家電領域を担っているパナソニック株式会社は、大きな広告費を持っている。ホールディングスよりも、使う広告費の量は大きいのだ。

しかも、事業会社は商品を売るための広告を打ち出している。グループは、〝土地〟を耕すためにやっている。その全体の総量がパナソニックグループのコミュニケーションになる。だから、個別にやっていることでも、共通の中間指標は持たないといけないと考えたという。
そのベースになっているのが、「NBDディリクレモデル」と呼ばれるブランディング理論だ。商品のシェアが高くなればなるほど、ブランド選択確率が高くなる、というものである。森井はいう。

「当たり前といえば当たり前なんですが、シェアを取らないと成長しないということなんです。シェアを取るとは、選択選考肢に入るということ。これをエボークトセットと呼びます」

エボークトセットとは、想起イメージの集合体のことだ。消費者が「ドライヤー」「洗濯機」など、ある製品を買おうと思ったときに、頭の中に浮かぶブランドの集合体を指す。

認知が上がるだけでは、モノは売れない。結局のところ、エボークトセットに入って初めて選択肢に入るのだ。

ホールディングスとしては、商品のシェアをコントロールすることはできない。そこで、エボークトセットに入ることを目指すのだ。エボークトセットの順位が上がれば、顧客に選択される確率も上がる。するとシェアは拡大し、結果的に売り上げが増加する。

選択肢に入るためのアプローチの仕方には、事業会社のアプローチもあれば、ホールディングスとしてのアプローチもある。ただ、エボークトセットに入るという目的は共通なのだ。そしてエボークトセットを形成するのは、好感度なのである。そして、その前段階が認知度。そ

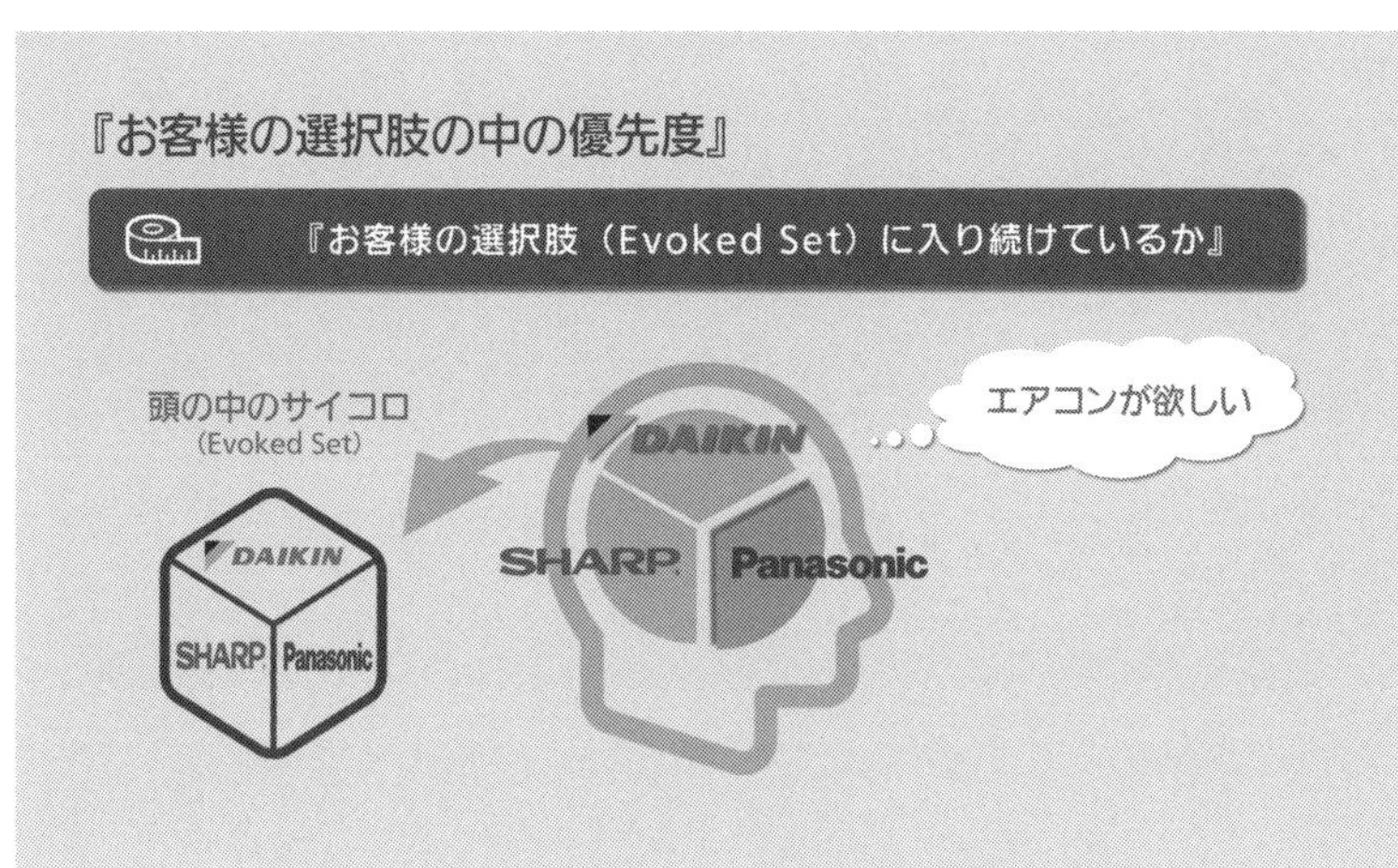

消費者がある製品を買おうと思ったときに
頭の中に浮かぶブランドの集合体がエボークトセット。
その中に入って初めて選択肢の1つになる。

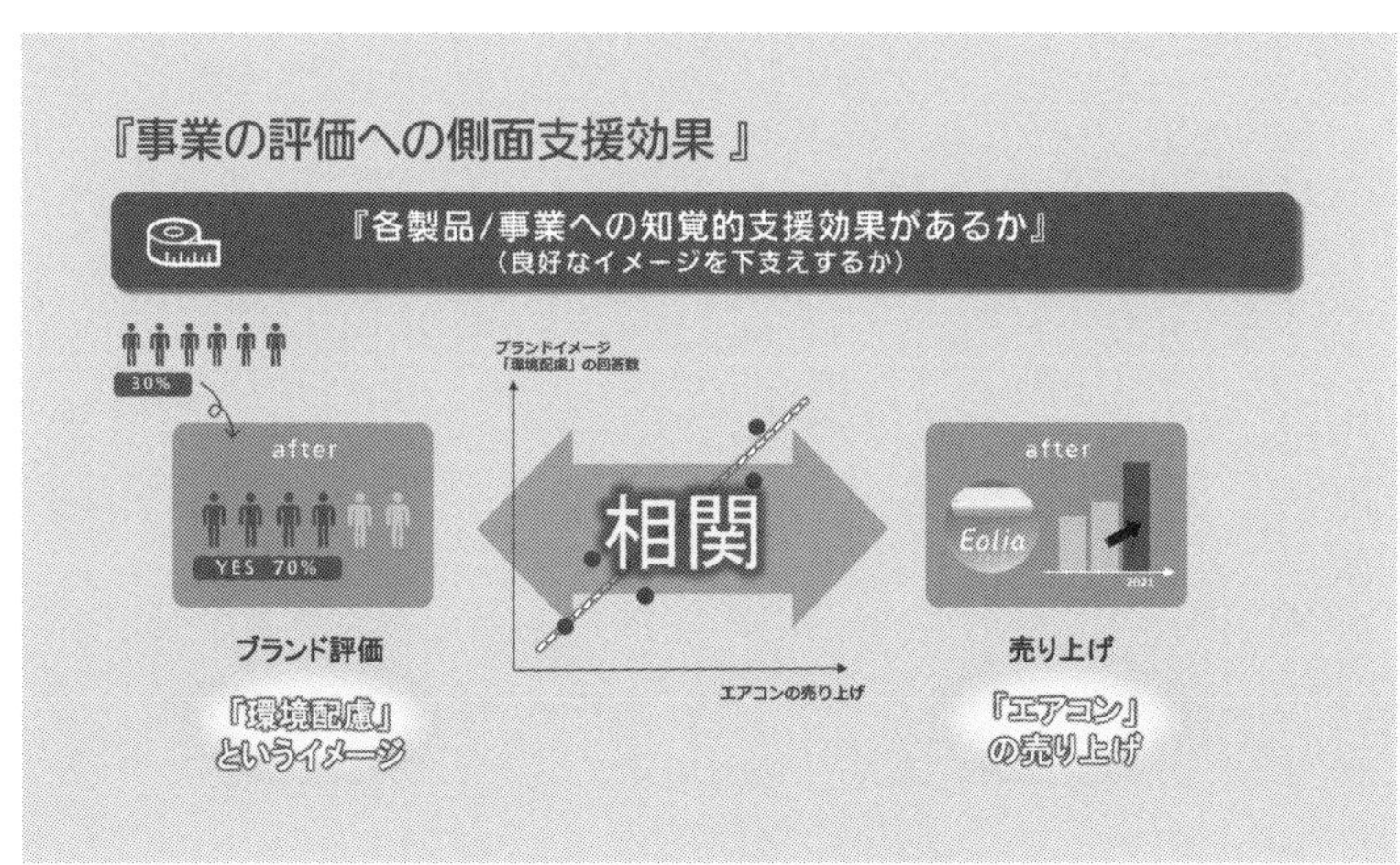

エボークトセットを形成するのが好感度。
エアコンを買うならば、環境に配慮しているかが、
好感度を下支えする1つの要素となる。

こは、コントロールが可能なのだ。

認知度と好感度、結果としてのエボークトセットまで責任を持つということだ。これを「ダブルジョパティの法則」や「NBDディリクレモデル」などを組み合わせ、オリジナルにモデル化した。

「つまり、私たちは勘でやってはいないんです。それがデータドリブンのコミュニケーションプランニングというものなんです。単に好きだと言っても、エボークトセットに入らないと意味がない。好意とエボークトセットをいかに相関させるかです」

その一つのキーワードが、「環境」だ。その会社が環境に貢献しているというイメージが上がると、明らかに選択選考肢に入りやすいのだ。こうした相関分析から、さまざまな取り組みが行われている。やみくもにCMを打ったところで、ブランド選択確率は上がらない。

そのため、すべてをコントロールしているという。精緻な設計図を描いて。数値目標を置い「ブランディングは数字にできない、だから評価のしようがない」という考え方もある。しかし、P&Gなどはそうは考えないという。数字にし、評価しているのだ。

グローバルで競争力の高いところは、逃げていないのだ。ブラックボックスだと言ったら、その瞬間に終わってしまうのだ。

だが、数字を定めることは、責任者としての自分を追い込むことになる。チームも大変だ。

高度な仕事が要求されるからだ。モデリングするだけでも簡単ではない。それをもとに総勢200人のメンバーが必死でやっている。

昭和型からデータドリブンへの移行は、相当なインパクトだったに違いない。森井は続ける。

「私が30年かけてやってきたことを、3年でキャッチアップしてくれと言っているにもかかわらず、それをちゃんと頑張ってやってくれている。やっぱりスタッフのポテンシャルが高いんだと思います。すごいな、と思います」

外からの血を入れれば会社は変わる、という前任者の意図は当たっていた。

「ただ、私も大変だったんですけどね。もともとここにいる人たちは、創業者の価値観、文化、DNAが浸透している。私なんて、人間としての成熟性がないんです。でも、パナソニックでは新入社員のときから、そういうことを学んでいるんですから」

実はこんなところでも、創業者・幸之助は静かに息づいていた。そして「環境」も、幸之助の考え方と、強い親和性があった。

第2章

「環境」への考え方がブランドにもたらす、絶大なインパクト

ブランディングのもう一つの柱「環境」

「地球環境問題解決を経営の一丁目一番地にする」

パナソニックグループの新体制を作っていくにあたり、ブランド戦略チームは楠見からこんな言葉をもらったという。楠見の環境への思いは強かった。森井は、こう語っている。

「Z世代以下の人たちにとっては、『環境』はものすごく切実な問題なんです。私たちの世代は、あと20年、30年もすればほとんどいなくなるわけです。その間に、地球がなくなることはないでしょう。でも、あと50年、60年、70年となったら、どうなっているか。東京の大部分が海に沈んでしまっている可能性だってある」

もともとパナソニックは、環境はもちろんのこと、社会課題に対して、積極的な取り組みを推し進めてきた企業だった。これも、幸之助のDNAの一つだったのだ。企業は、社会の公器、というのが幸之助の考え方なのだ。ところが、社会からパナソニックグループを見ると、そのイメージは決して強くはなかった。

「実際、SDGsというテーマで、社会課題に対応していこう、というキャンペーンもやっていたんです。それによって結果的にブランド価値を高めていこう、と。たしかに社会的意義はすごくあったと思う。でも、広すぎるんですよ。会社は政府でもないし、NGOでもない。その課題をパナソニックHDという製造業に当てはめたときに、できること、セグメンテーションが出てくるはずなんです」

創業100周年を迎えた2018年当時には35の事業があり、17のSDGsのテーマに一つひとつ事業を紐づけていたのだという。

「それを見たときに、ああ、なるほど、と思いました。これもまた、最大公約数マーケティングだったんです。データドリブンはじめ、正しい方法論で時代にマッチすれば、ここも変えられると思いました」

パナソニックがもともと持っていた正しい意識を、しかるべき方向性に持っていく。SDGsにはさまざまなテーマがあるが、まさに「環境」にフォーカスすべきだと森井は考えた。実際に調査もした。「環境」への危機意識の高さ、とりわけ若年層の危機意識の高さは日本だけではなかった。世界的な傾向だった。

「ESGについて真剣に取り組んでいない会社には入らない、と明確に言っている若い人もいますから」

そんな中、環境問題解決について若い世代のためにできることをやりたい、最重点課題としてグループの総力を挙げて取り組みたい、という楠見の強い意志が加わった。「環境」は、新しいブランディングの二本柱の一つにふさわしいと森井は感じた。

森井にも「環境」については思うところがあった。

「今、グリーンウォッシュという言葉が出てきています。私は、〝言うだけ番長〟と呼んでいますが、ヨーロッパで特に多い。言っているだけで、何もやっていない会社もあるんです」

グリーンウォッシュとは、エコや環境に良いイメージとして使用される「グリーン」と、うわべだけ取り繕うことを意味する「ホワイトウォッシュ」を掛け合わせた言葉だ。実際は環境に配慮していないにもかかわらず、しているように見せかけて商品やサービスを提供することを指す。

金融業界でも2012年あたりからESG投資と呼ばれるものが拡大した。そこに数十兆円ものお金が流れ込んだ。だが、ESG投資もまた、グリーンウォッシュになってきているという。

「言っているだけではダメ。やらなければということです。そのことに、投資家も気づき始めたんですよね。それで今、世界で使われるようになったのが、インパクト投資です。もう嘘はなしよ、と。本当に結果を残している会社に対してお金を集めましょう、と。これが、最先端の投資になっている」

グループCEOの楠見の強い思いもあり、パナソニックには、この「インパクト」を残そうという意志があった。同時に、これこそ全世界の若者たちが求めているであろうという実感もあった。こうして生まれたのが、「Panasonic GREEN IMPACT（PGI）」という取り組みだった。

ブランドスローガンと並び、ブランドチームがパナソニックグループのブランディングの2本柱の一つに据えた「環境」の長期ビジョンが、これである。

そして実はパナソニックグループには、「環境」にフォーカスする責務があった。なぜ、楠見が経営の一丁目一番地にしようと考えたのか。そこには、大きな理由があったのである。

埋もれていた「削減貢献量」という考え方

グループＣＥＯの楠見は、社長就任会見時に「２０３０年までに全事業会社のＣＯ２排出を実質ゼロにする」と発表していた。だが、パナソニックグループの環境への取り組みは、さらなる一歩を踏み出していた。

グループに管理機能などを横軸で提供しているパナソニック　オペレーショナルエクセレンス　コーポレートコミュニケーションセンター　コミュニケーションプランニング室で環境ブランディングを担当している井上敏也は語る。

「本当に問題に取り組んでいくということです」

温室効果ガス（ＧＨＧ＝Green House Gas）の排出量を算定し、報告する際の国際的な基準にＧＨＧプロトコルがある。企業は、この基準に沿うことで、信頼性のある情報開示が可能になる。

プロトコルには三つのスコープがある。スコープ１は自社工場等、スコープ２は他社から供給された電気、熱・蒸気の使用に伴う間接排出量だが、三つめのスコープ３は、さらに特殊な存在だ。

「これは、私たち製造者が製品を販売した後、お客様が排出するものについて対象とされている排出量です。冷蔵庫やエアコン、照明器具など、すべての製品です」

パナソニックグループの製品は、世界で毎日、10億人が使用している。その排出量は８６００万トンと算出された。

「スコープ１、２、３を足すと、ＣＯ２排出量は年間約１・１億トンになります。これは、世界の全排出量の０・３％に相当するんです。世界の電力消費による排出量の１％を占めます。小さな国、１国ほどの排出量になるんです」

楠見が会見や映像で明らかにしているが、この数字は実に日本全体の排出量の約10％を占める。パナソニックＨＤが国なら、世界37位にもなるのだ。

国内の大手流通チェーンが発表した削減目標は、数十万トンだった。それに対して、パナソニックグループは１億トン以上。まさにケタ違いなのだ。

そして、そのうちのほとんどがスコープ3、製品を販売した後に出る温室効果ガスなのだ。

そしてこれは、自社努力だけでは手が届かない部分なのである。消費者が使う電力が、すべて再生可能エネルギーにでもならないといけない。それに対し、これまでパナソニックＨＤにできたのは、省エネ製品を開発することだけだったのだ。

実際パナソニックは、省エネに懸命の取り組みを進めてきた。「対前年で90％」を毎年のように続け、10年前に比べると消費電力が6割も減っている製品もあるという。エアコンや冷蔵庫が、10年前に比べると圧倒的に消費電力が少ないことは、ニュース等で耳にしている人も少なくないはずだ。

それでも、ゼロには絶対できない。ここに難しさがあった。

ただそこに、俗にスコープ4と呼ばれているものがあることが判明した。「削減貢献量（Avoided emissions）」というプロトコルだ。製造業にとっては、とても整合性の高いプロトコルだった。

例えば、ガソリン車が１００のＣＯ2を出すとする。何もしなければ、１００が出続けることになる。しかし、これをパナソニックグループが手がけている電気自動車用のＥＶバッテリーで置き換えることができれば、削減に貢献ができる。

これを削減貢献量という。避けられた排出量という意味である。このプロトコルなら、作った商品やサービスが環境貢献に置き換えられる。これを経営方針に掲げることで、責務と真正面から向き合うことができる。

しかも、買ってもらえればもらえるほど、環境貢献になる。つまり、成長戦略になるのだ。

企業の環境対策がなぜ進まないかというと、それがコストになるからだ。義務があるから、仕方がなくてやる、ということになりがちなのだ。しかし、これが成長戦略になるとしたら、どうか。みんなが頑張ってやればやるほど、地球のためにもいいし、自分たちのためにもメリットがある、ということになる。

いわゆる「スコープ4」とは、WBCSD（世界環境経済人協議会）がもともと提唱していたものだった。この「削減貢献量」という考え方を見つけ出し、楠見を巻き込んでグループとしての新しい長期環境ビジョン「Panasonic GREEN IMPACT」へとつなげていったのである。

「Panasonic GREEN IMPACT」に込めた意味

「Panasonic GREEN IMPACT」は、パナソニックグループの「カーボンニュートラル（GHG排出量実質ゼロ）社会実現に向けた長期ビジョン」であり、三つの言葉の意味が定義されている。

・自分たちが持つ大きな「インパクト」に向き合う
・より大きな「グリーン・インパクト」を社会に生み出す
・「VISION」から「ACTION」へ

とりわけ三つ目は、まさに森井の言っていた「言うだけではダメだ」の意である。そして「IMPACT」の下三文字の「ACT（行動）」が環境ビジョンのロゴマークでは強調されている。

井上はいう。

「この長期ビジョンのコンセプトメイキングから、私はずっと関わってきました。各事業会社もさまざまな環境への取り組みをしていますが、それぞれの規模で環境を語っていくと、どうしても小さな絵になってしまう。ただ、グループ全体として大きな可能性を持っているのですから、グループ総体としてのインパクトを語ることが重要だ、という議論をずっとしていたんです」

具体的には、2050年に現在の世界のCO_2排出量の1％にあたる3億トン以上の削減インパクトを生み出す、という目標を掲げている。

「グローバルなテーマですから、海外の事業所も含めてグローバル全体で展開しています。ただ、グローバル共通のテーマでありながら、地域によって捉え方はさまざまに変わります。環境に対する意識は、海外のほうが日本よりも高いんです」

あなたにとって気候変動対策はどのようなものか、という問いかけに対して、日本人は〝自分の生活を脅かすもの〟という回答が多いという。一方、海外では〝それは生活の質を高めるもの〟という回答が多い。

「グローバルに発信するにあたって、自分たちの総排出量の大きさにしっかり向き合っている姿勢を示した、ということも大きな特徴だと思います。逆に、それ以上の削減貢献をするのだ、と」

環境については多くの会社がメッセージを発信している。だが、パナソニックの本気度の高さは、あえて自分たちの環境負荷の大きさについて、真正面に語ったことに現われているだろう。ともすれば、大きな声で語りたい内容ではない。

「これは、リスクでもありました。しかし、それは事実なのだから発信していこう、とすんなりと進みました。それよりも、削減貢献をめざそう、すでにある情報に向き合い、排出責務をしっかり押さえようという意志が働いたんです」

正直に、事実と向き合う姿勢を見せることは、透明性にもつながる。そして、あえてCO2排出量の多さを強調したことは、むしろポジティブに作用した。

「特に海外では、パナソニックHDがこれほどの大きなインパクトを持った会社だということを知らない人もいるんです。すべての国で、さまざまなコンシューマ製品を販売しているわけではありませんので。そんな中での1・1億トンの発表は、パナソニックHDというのは、それほど存在感のあるプレーヤーなんだとわかってもらえたところがあるんです」

一見ネガティブと思える情報を逆手に取った、ともいえる。そしてこうした動きは、新体制になってから他でも現れている。

「Disruptive Equilibrium」による戦略的広報へ

冒頭で紹介した「パナソニックの若年層認知度が53％」という数字は、昭和世代には衝撃を持って受け止められたわけだが、実はこのニュース、パナソニックHD自身が外に向けて発信していた。広報戦略も大きく変わっていたのである。

また森井に登場いただく。

「単にプレスリリースを打ったところで、読んではもらえないんです。事業部が出しているものの中には、技術用語がずらりと並んでいるものもある。専門業界紙は別ですが、簡単には理解してもらえませんから、一般の新聞や雑誌が取り上げるのは難しい。だから、どうやって記事にしてもらうのか、戦略的に考えることも時には必要なんです」

求められているのは、ネタの仕込み方だ。普通に扱っても、なかなか取り上げてはもらえない。それを、しっかり意図することだ。

「ディスラプティブ・エクイリブリウム（Disruptive Equilibrium）という考え方があります。Equilibrium というのは、平衡状態という意味なんです。情報の平衡状態。しかし、これだけでは、ニュースにならないんです」

だから、ディスラプト（Disrupt）する。平衡状態を壊すのだ。普通ではない、当たり前ではない状態にすることによって、情報はニュースになる。

例えば、どんなことをしているのか。

わかりやすいのが、先の若年層認知率低下のニュースだったと森井がいう。

「パナソニックにとって、ありがたいニュースというわけではありませんし、独自調査なのですから隠しておけばいいじゃないですか。でも、あえて出したんです」

認知度が下がったことは、たしかに一見するとネガティブだ。しかし、多くの人に驚きを与えることができる。そして下がっていたからこそ、この先に上がっていくこともニュースになるわけだ。森井は続ける。

「昔だったら、パナソニックＨＤから発信していなかったと思います。隠していたと思う。でも、出たらびっくりするでしょう。これこそディスラプティブ・エクイリブリウムですよ。だからニュースになるし、多くの人の目にも留めてもらえるんです」

実は本書の企画も、若年層認知度の衝撃的な数字がきっかけだった。その意味では、パナソニックHDの戦略的広報にまんまとやられた、ということになる。興味を持たされ、結果的に詳しく取材して書籍にしたい、などという話にまでなったのだから。

「意図してやっているわけです。予定調和の情報なんて、誰も興味ない。ディスラプティブ・エクイリブリウムも時には必要なんです」

社会に新しい流れを作っていきたい

「環境」に話を戻す。あえて自社のネガティブなインパクトに真正面から向き合ったがゆえに、削減貢献という取り組みが重要になることを宣言したわけだが、三つのインパクトに加えて、実はもう一つプラスを目指しているものがある。INFLUENCE、社会のエネルギー変革に対する波及インパクトだ。環境ブランディング担当の井上はこう語る。

「私たちが目指しているのは、社会とともに、カーボンニュートラル社会を作っていくことです。結局、我々だけの力では、我々のバリューチェーン（価値連鎖）の排出量をゼロにすることは難しいからです」

サプライヤーはじめ、さまざまなバリューチェーンに関わっている人たちの協力が必要になるのだ。また、家電製品を利用する消費者にも再生可能エネルギーを選択してもらわなければいけない。

「結局、再生可能エネルギー社会というものに対して具体的な貢献をすることで、社会全体のエネルギー変革を加速させ、その結果としてそれが我々の排出削減にも戻ってくる。大きな社会の中での位置づけでは、我々自身だけがやれることには限界があるんです」

まさに目指しているのは、社会とともにカーボンニュートラルに進むこと、なのである。

「そのためには、もちろん技術を広げていくことも大事ですが、我々が行っている発信活動で世の中の意識を少しずつ変えていくことだったり、企業が評価される仕組みにも影響を与えていく。私たちが活動することによって、よりＣＯ２が削減される社会になっていく。そういう流れを作っていきたい、という思いが込められています」

もとより、先にも少し触れているように、環境配慮と事業成長はリンクしにくい、というのが多くの企業にとっての従来的な考え方だった。パナソニックグループを見ても、事業が増え、売上高が増えるほど、自社による排出が膨らんでいくことになる。しかし、削減貢献という考え方によって、社会全体に対してはＣＯ２削減という貢献ができる。

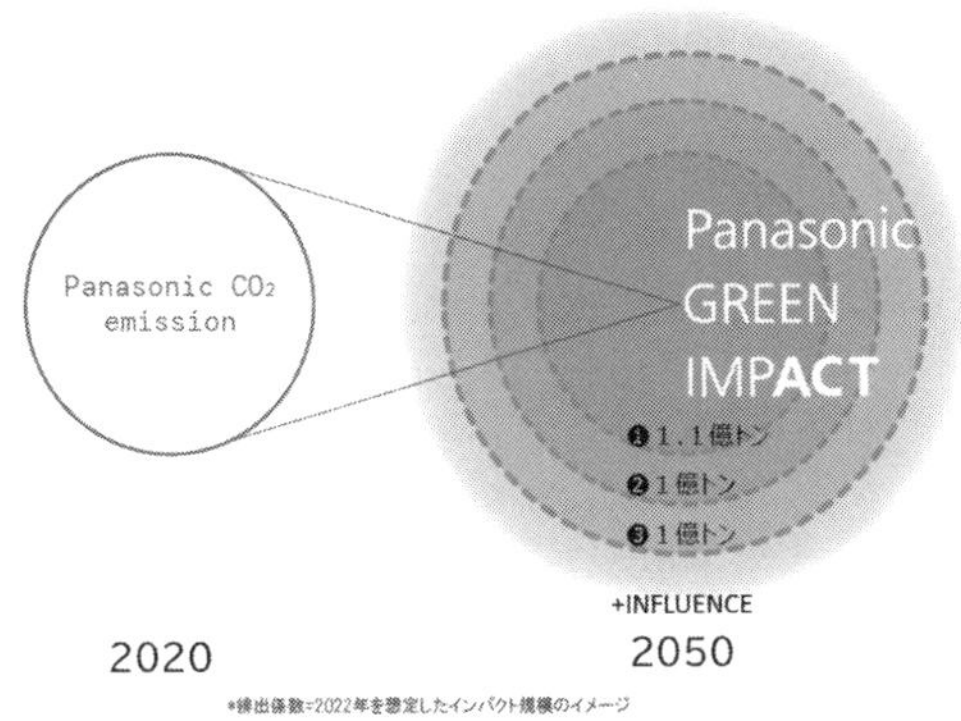

❶OWN IMPACT
自社バリューチェーンにおける排出削減(Scope1,2,3)インパクト

❷CONTRIBUTION IMPACT
既存事業による
社会への排出削減貢献インパクト

❸FUTURE IMPACT
新事業・新技術による
社会への排出削減貢献インパクト

+INFLUENCE
社会のエネルギー変革に対する波及インパクト

Panasonic GREEN IMPACT。
ロゴマークでは「IMPACT」の「ACT(行動)」が太字で強調される。
3つのインパクトに加えて、
INFLUENCE、社会のエネルギー変革に対する波及インパクトを目指す。

「事業成長と環境貢献は両立するということです。ですから、環境貢献は、我々にとっては成長戦略でもあるんです」

削減貢献という企業貢献が、もっともっと浸透していけば、カーボンニュートラルに貢献する企業や商品、ソリューションが正しく評価されるようになり、脱炭素を促進する投資や購入選択につながっていくはずなのだ。

「CO2を削減するということが、今はCSR活動になってしまっているんです。そうではなくて、ブランディングなんです。それが明確なものになれば、人々の意志が働くようになる。カーボンニュートラルを加速させるための有益なソリューションを持っている企業にリソースが回るような仕組みになっていくことだと思うんです」

しかし、今はまだそういう仕組みになっていない。

「削減貢献量という概念の明確化によって、削減貢献量自体が物差しとして認識されて、金融機関など、いろいろなところが評価するように広げていかなければいけません」

実際、B2BしかりB2Cしかり、日本では環境性能よりも、とにかく安いものが選ばれている、という現実があるのではないか。

「ところが、安くてもCO2の負荷が高いものを選んでいると、そのうち自分たちに別の形でコストがかかってくるんです」

そこで取り組みを進めているのが、情報発信やイベントなどで論調形成をしていくことなのだ。

「ビジネス層、特に金融業界に理解してもらう。お金の動きを変えないと、なかなか全体のルールが変わっていかないからです。ルールメイキングをし、社会全体がゲームチェンジをしないと環境問題は解決しないんです」

だから、情報発信もターゲットがしっかり意識されている。

伝えていくにも、順番がある

「Panasonic GREEN IMPACT」は、2022年1月、アメリカ・ラスベガスで開催された世界最大級のテクノロジー展示会「CES」で、グループCEOの楠見によって発表された。

CESは技術系主流のイベントであり、一般の人に馴染みのある場というわけではない。一方で、技術系の人たちからは、極めて高い注目度を持つ。井上はいう。

「同じ年の4月には、削減貢献の話も盛り込んで発表しました。一般の人たちからは認識や理解はあまりされなかったものの、NGOはじめ、環境関連や技術系の人たちには認知が広がっていきました」

環境ブランディングを推し進めたいからといって、いきなり一般に大々的に発表するようなことはしていない。まずは小さなターゲットを定め、そこから少しずつ認知を広げている。

いきなり伝えようとしたところで、伝わるものではない。だから、まずはアーリーアダプター、インフルエンサーと言われるような人に対して刺さるような戦略を取ったのだ。実際、2021年までは、メディアと金融のアナリストにしかアプローチしなかった。22年から、徐々にビジネスパーソンに拡大している。

一般の人にはほとんど知られなかったというが、確実に成果は出ていた。例えば、ボストンコンサルティンググループは「イノベーション企業ランキング」を毎年50社発表しているが、パナソニックグループは2022年に初めて47位でランクインしたのだ。

「それまでは一度もランクインしたことはありませんでした。『Panasonic GREEN IMPACT』の取り組みがイノベーティブであると判断されたのだと思います。見ている人は、ちゃんと見ているんですね」

また、日経BPが発表している「ESGブランド調査」でも2021年に13位だったパナソニックは、22年に3位にまで躍進している。

「ビジネスパーソン向けの雑誌を多く出している出版社ですが、着実にアーリーアダプター、インフルエンサーの方々には浸透してきています。おそらく、ここから情報感度の高い学生にも伝わっていくだろうと考えています」

2023年夏からは、テレビ東京系のニュース番組「ワールドビジネスサテライト」に環境についてのCMを入れ始めた。いよいよ一般向けへの発信がこれから始まっていくのだ。

もとより環境、というテーマだけでもたくさんの課題がある。そのすべてに対応していくには、費用も時間もかかる。そこで六つの課題、およびそこに紐づくターゲットに絞っていくという。前出のブランド戦略グループの園田はいう。

「一つは、α世代。小学生です。学校でSDGsが教えられたりしていますから、ものすごく環境意識が高いんです。それからメディア。会社の意思決定者。さらにわれわれのお取り引き先、われわれ従業員、採用。まずは、この六つから進めることになります」

パナソニックグループは２０２５年の大阪万博でパビリオンを出すことになっており、そのターゲットとテーマが明らかになっている。α世代に向けて環境をテーマにするのだ。一緒に未来を創っていこう、という発信を行うシミュレーションゲームでパビリオンを回ってもらうことを考えているという。

ターゲットは明確だ。子どもたちに、ファンになってもらうのだ。

少しずつ追い風が吹いてきた

一方でグローバルにも発信は行われている。井上が語る。

「アメリカ、中国、欧州などで『Panasonic GREEN IMPACT』という共通ワードで展開しています。地域によって事業が異なるので、それに合わせてＣＯ２排出削減のためにできるソリューションをさまざまに訴求しています」

ベトナムでは現地の有力なインフルエンサーを起用したキャンペーンを展開。アメリカでは、パナソニックグループがグローバルで契約している大坂なおみ、ネイサン・チェン、マイケル・フェルプスといったアスリートを発信者として、環境問題の重要性について啓発するようなコミュニケーションを行っている。

中でも、極めて重要なのが、従業員向けのコミュニケーションだという。

「Panasonic Climate Action Handbook」という冊子も発行されている。

タイトルは〝勤務地「地球」のみなさまへ〟。自分たちがどれだけ環境に責務を負っているか、環境問題に取り組むことがいかに重要かを、誰でもわかるような形で説明するツールを作ったのだ。

楠見がグループＣＥＯになって3年。いよいよ本格的な発信が始まる。森井はいう。

「まだ一般に大々的に発信していないので、これからどんな反応が出てくるのか、楽しみにしています。現状ではターゲットをしぼっていますので、まだ知る人ぞ知る活動であり、真の狙いは十分、全社会には伝わりきってはいない状況ですので」

削減貢献量は、２０２３年に広島で行われた先進国首脳会議「Ｇ７」でもアジェンダになった。アジェンダ化にあたり、パナソニックＨＤの貢献は経済産業省から評価されたという。また、ＷＢＣＳＤの総会では、Ｇ７のアジェンダ化でのパナソニックＨＤの尽力が名指しで認められた。井上は語る。

「すごくマニアックな領域ですけど、ありがたいですね。やはりルールが変わっていかなければ、この問題は解決しないと確信しています」

消費電力が減る冷蔵庫やエアコンを開発することも削減貢献量にはなる。しかし、いっそのこと、ＣＯ２を排出するような製品を世に出さなければいいではないか、という極論もある。

「省エネの冷蔵庫やエアコンを作っても、それを作って売ることでＣＯ２が増えてしまう。製造業にとっては、事業拡大と環境貢献がどうしてもトレードオフになると考えられてしまうんですね。より多く売るほど、より多くの部品を使うし、世界全体を見たときのＣＯ２排出量は間違いなく増える」

ただ、省エネの製品であれば、その上がり幅を狭めることはできる。

「地球上では、途上国はまだまだ人口も増えていくし、快適な生活を求めてガンガンエネルギーを使っていくことになるんです。そのことを否定はできない。でも、そのときに、ＣＯ２排出量の伸びを抑えることが重要なんだと思うんです」

単に、一企業として儲けたい、という話ではもはやない。地球環境にとって、より良い商品が選ばれていく、という仕組みが必要なのだ。だからこそ、削減貢献量という概念が今、注目されてきている。今は追い風が吹いているという。

「これを明確化していくことによって、消費者も環境性能に目を向けるようになります。より環境性能の高い製品を提供している会社のほうが、資金、資本の調達コストが下がる。そういう構造を作ることで、民間企業の力によって環境問題の解決を加速させていくことができると思うんです」

環境ブランディングに携わって感じることがあると井上は語った。

「大きな会社で働く意味とは、給料をもらうだけではなくて、社会にいいことをする、ということだと改めて思ったんです。そしてまわりにいるパナソニックのメンバーたちも純粋にそう思っている。社会を変えるんだ、より良い社会にするんだ、と。青臭いけど、割とマジでみんなそう思っている節があります」

環境を経営の一丁目一番地に据えたグループCEOの楠見もそうだ。そしてこれこそ、パナソニックHDという会社の原点なのかもしれない。

「企業や事業活動はより良い社会にするための手段である、と創業者は本気で考えていたんだと思うんです。削減貢献量の規格化は、もし創業者が生きていたら、褒めてくれるのでは、と感じています」

企業が社会に対してできることがある。創業者、松下幸之助の思いが、まさにそこにある。

第3章

創業者「松下幸之助」は、100年先を見すえていた

取材は「松下幸之助歴史館」から

パナソニックグループの新体制のもとでのブランディングについて取材をしたい、という本書の申し出を行った際、「ぜひ最初に訪問をしてほしい」と提案されたのが、「パナソニックミュージアム」の「松下幸之助歴史館」だった。

もうすでに書いているが、新しいブランド戦略の核には、創業者・松下幸之助の姿があったからだ。結果的に、最初に訪問して本当に良かったと思った。創業者について理解を深めていたからこそ、その後の取材もスムーズに受け止めることができた。

松下幸之助は、昭和世代では知らない人はまずいないだろう。トヨタ自動車と並ぶ製造業の雄と言われた松下電器産業（パナソニックＨＤの前身企業）を設立、「ナショナル」ブランドの家電製品を皮切りに、一代で驚異的な成長を実現させ、「経営の神様」と呼ばれた人物である。1989年、94歳でこの世を去った。

1966年生まれの筆者の子どもの頃の記憶は、かつては公開されていた「長者番付」、納税額の全国ランキングのトップにいつも名を連ねていたイメージである。小学校しか出ていない、身一つで立身出世を遂げた人。日本で最も成功した人という印象だ。

著書も数多く、中には1968年の発刊以来、累計553万部を超え、いまなお読み継がれる『道をひらく』のような驚異的なロングセラーになっている本もある。幸之助が自分の体験

大阪府門真市にあるパナソニックミュージアムにある「松下幸之助歴史館」。
創業者・松下幸之助の人生と、創業105年となる同社の歴史が、
実際の製品や写真、貴重な資料とともに辿ることができる。

と人生に対する深い洞察をもとに記した1冊だ。

多くの尊敬を浴び、日本はもちろん世界に知られた偉大なる経営者である。現代の日本の有名経営者の中にも、幸之助ファンは多い。それは、時代を超えた普遍的な真理が、幸之助の中にあるからだろう。

パナソニックHD本社のそば、大阪府・門真市にある松下幸之助歴史館で、我々取材陣を迎えてくれたのは、社史の「語り部」として社内でも有名なパナソニックミュージアム学芸員の恵崎政裕だった。パナソニックオペレーショナルエクセレンス歴史コミュニケーション室に所属する。

「新装した松下幸之助歴史館が中心となるパナソニックミュージアムがオープンしたの

は、2018年3月7日でした。これは、パナソニックが創業100周年を迎えた日でした」

歴史館は松下電器歴史館として1968年に誕生していたが、その建物は今は家電のミュージアム（ものづくりイズム館）となっていて、懐かしい家電製品やテレビCMなどを見ることができる。

松下電器は1918年に大阪・大開町で創業した。その後、1933年に、幸之助はさらなる会社の飛躍を目指し、郊外の門真に本店を移した。

「これら二つの歴史館は、このときに建てられた新しい本店建物の姿を再現しようという考え方で建てられています。90年前の本社の姿を再現しようとしているわけですね、見ていただくとわかりますが、幸之助は建築にも凝る経営者で、しゃれた感覚でデザインされた建物になっています」

幸之助は1894年、和歌山県の和佐村（現在の和歌山市）に生まれた。日清戦争の起きた年である。村に代々続く旧家の8人きょうだいの末っ子だった。何不自由ない幸せな幼少期を過ごすが、4歳のときに父親が米の先物取引で失敗。家は没落してしまう。

これがもとになり、10歳になる直前、日露戦争の起きた1904年に学校を辞め、ふるさとを後にして、大阪に丁稚奉公に出された。

最初は火鉢店で働くも、ほどなく閉店。奉公先を変え、大阪の商業の中心・船場の自転車店で働くことになった。そしてここで足かけ6年にわたって奉公を続ける。恵崎は語る。

「この船場で、商売の基本やお客さまに対する礼儀作法、また儲けるとはどういうことか、といったことを心と体で吸収していったんです。ですから、私たちの会社の経営の基本となる部分は、船場商法にあるんです。単に商売だけではなく、ここに集ってきた商人の商道です」

厳しくソロバンをはじくが、いざとなると天下、国家、社会のためにドッと資金も提供する。それが、船場の商道だ。

「日本の商業史研究の大家、宮本又次先生によれば、船場商人の心意気にはパブリック、公を思う旨があった、といいます」

幸之助がそうした気風を身につけていったのも、船場での丁稚奉公の期間だったのではないか、という。

創業時前夜の苦労。そして稀代の商売人としての力

自転車店で丁稚として過ごし、商売の基本を身につけていった。その頃、大阪のメインストリートを走り始めた路面電車を見た幸之助は、「これからは電気の時代だ」と直感し、15歳で店を飛び出す。ツテをたどって関西電力の前身の電力会社に入社、電気配線工事に携わった。

「ここで工事の経験を活かして電灯用のソケットの改良にチャレンジしたんです。工夫に工夫を重ね、実用新案まで取って、自信満々で試作機を上司に見せて実用化を提案したものの、戻ってきたのは厳しい言葉でした。ならば自分でやってやろう、と会社を辞めたのが、創業の前の年、１９１７年6月のことでした」

当時、すでに結婚しており、妻のむめの、妻の弟・井植歳男（後の三洋電機の創業者）に加え、会社の同僚２人の５人で改良ソケット製造の準備に取りかかる。4カ月の試行錯誤の上、待望のソケットが完成したが、問屋からは、ほとんど相手にしてもらえなかった。

在庫はたまる一方。資金がなくなり、妻は質屋通い。２人の同僚は離れていってしまった。このままでは年を越せない、というピンチを救ったのが、日本の扇風機製造のパイオニア、川北電気企業社だった。後に、グループの一員となるこの会社が、改良ソケットの製造に使った練物（ねりもの）の技術を生かして作ってほしいと、扇風機に使う碍盤（がいばん）を大量に発注してくれたのだ。

「これで初めて、まとまった収益を得ることができ、危機を突破できたんです。そして松下電気器具製作所を設立します。パナソニック ホールディングスの創業です。幸之助23歳、むめの22歳、井植歳男はまだ15歳の少年でした」

配線器具に始まり、５年後の１９２３年には電池式の砲弾型自転車用ランプを開発。ところが、また問屋に総スカンをくらってしまう。当時、すでに電池式のランプがあったが、粗悪品が多かったからだ。

「在庫が山になり、窮地に陥った幸之助は、考え抜いた末に思い切った方法に打って出るんです。問屋がダメなら、小売店でランプの良さをわかってもらおうと、完成品を無償で配布したんです。実物宣伝ですね。これが功を奏し、ランプの性能が認められて、ヒットにつながるんです」

この頃からすでにアイデアマンだったのだ。そして、この4年後、ランプの新製品ができる。自転車用にも手提げ用にも使えるコンパクトな角型ランプで、このとき初めて「ナショナル」ブランドがつけられた商品が世に送り出される。

「新聞を読んでいると、インターナショナル、という言葉が気になった。それで、ナショナル、という言葉を辞書で引いてみると、国民の、という意味だとわかった。この新しいランプを日本国民の必需品に育てていきたい、という思いから、このブランド名にしたんです」

1927年、ナショナルの第1号製品「ナショナルランプ」が発売されたが、このとき驚くべきことを幸之助はしている。まだ小さな会社だった松下電気器具製作所が、本格的な新聞広告を打ったのである。実物が歴史館に展示されているが、大丸や高島屋などの老舗企業に囲まれるようにして小さな三行広告が掲載された。

「〝買って安心、使って徳用、ナショナルランプ〟というキャッチコピーは、幸之助が自ら考え抜いたものでした。以来、広告宣伝を重視するようになります。メーカーがいいものを作るのは当たり前。もう一つの大きな責任は製品の良さを一刻も早くお客さまに伝えることだ、というのが幸之助の考え方でした」

広告宣伝の重要性をいち早く理解した経営者だったのだ。後に幸之助は商品の広告だけでなく、自分の考え方や経営に対する考え方、国のあり方を署名入りの意見広告で問うようになる。

ランプと同じ頃に電熱器事業にも参入。アイロン、電気ストーブ、あんか式電気コタツなど、その後は次々と家電製品を生み出して事業を拡大させていった。

なぜ「松下電器産業」は、世界に冠たる会社になったのか

幸之助は創業時から、経営面でもちょっと他社とは違っていたようである。

「ソケットを製造するための練物の調合の仕方は、大変な企業秘密だったんですね。でも、たとえ相手が新人であっても、この人物なら大丈夫と見ると、積極的に秘密を公開して教えていました」

従業員を信じていた、ということだろう。また毎月の決算、商売の状況についても、従業員と共有していた。

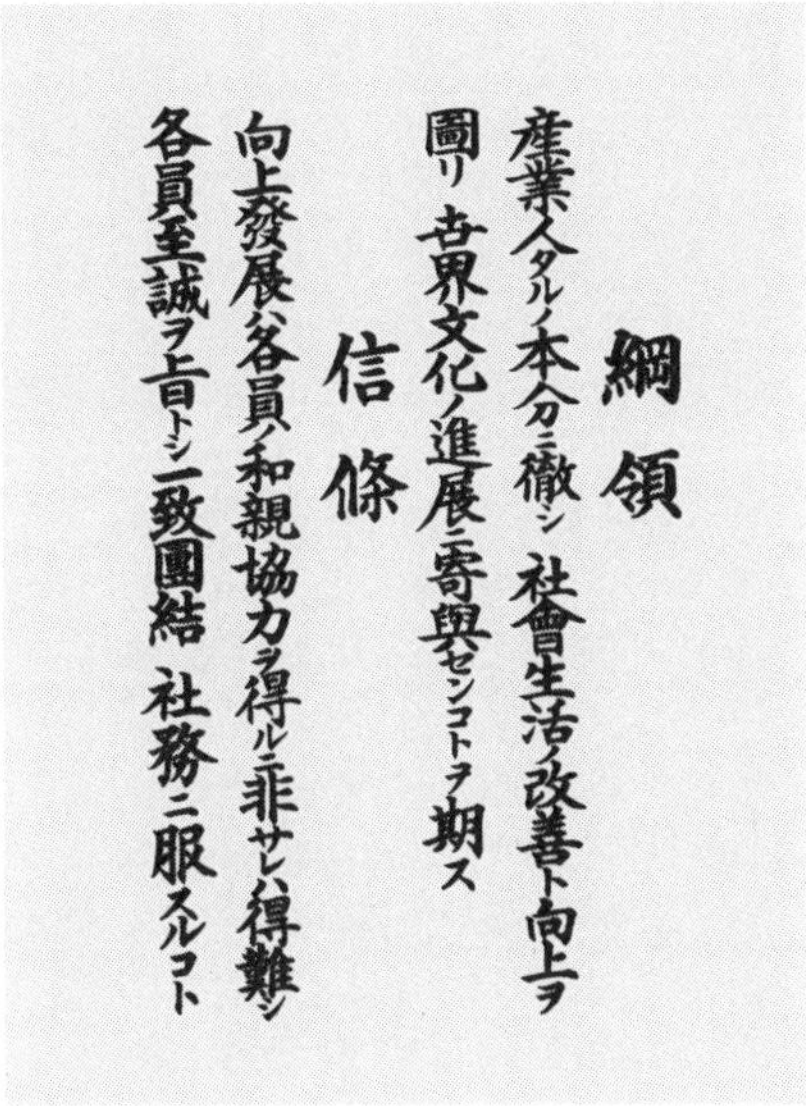

綱領

産業人タルノ本分ニ徹シ 社會生活ノ改善ト向上ヲ圖リ 世界文化ノ進展ニ寄與センコトヲ期ス

信條

向上發展ハ各員ノ和親協力ヲ得ルニ非サレハ得難シ 各員至誠ヲ旨トシ一致團結 社務ニ服スルコト

1929（昭和4）年3月、創業者・松下幸之助は、社名を「松下電気器具製作所」から「松下電器製作所」と改称し、この綱領と信条を制定した。

「月に1回、売りがいくらで儲けがこれだけ出た、など数字を明らかにしました。当時から、ガラス張り経営を実践していたんです。こういうところから、経営者と従業員の相互の信頼関係が生まれた。それが松下電器というコミュニティの一致団結の力へと結びついていったんです」

そして社業をどんどん発展させていった幸之助は、1929年に早くもこんな言葉を残している。

〝営利と社会正義の調和に念慮し国家産業の発達を図り社会生活の改善と向上を期す〟

こうして「綱領」と「信条」を制定、企業の社会的責任を明示したのだ。

大きな転機は、1932年にやってくる。

幸之助は、取引先の中にいた熱心な宗教信者に誘われて、教団の本部を訪ねた。そこで見たのは、信者たちが使命感に燃え、無償の奉仕活動に打ち込む姿だった。報酬ももらっていないのに、一心不乱に働く人の姿を目にしたのである。そして、幸之助は悟る。

〝人間は精神的な安定と物質の供給が相まって、初めて人生の幸福が安定する〟

これこそが、グループCEOの楠見が語っていた「物心一如」だ。もともとモノの豊かさの実現が事業の使命であると考えていたが、心の領域も重要であることに気づくのである。それまでの経営は、単なる商習慣の経営に過ぎなかったと思い至るのだ。

この年の5月、幸之助は大阪の中央電気倶楽部に全社員を集め、第1回創業記念式を開いた。ここで松下電器が将来に向かって果たしていくべき真の使命について訴えかけた。

〝産業人の使命は貧乏の克服である。そのためには、物資の生産に次ぐ生産をもって、富を増大しなければならない。水道の水は価(あたい)あるものであるが、通行人がそれを飲んでもとがめられはしない。それは量が多く、価格があまりにも安いからである。産業人の使命も水道の水のごとく、物資を豊富にかつ廉価に生産提供することである。それによってこの世から貧乏を克服し、人々に幸福をもたらし、楽土を建設することができる。わが社の真の使命もまたそこにある〟

これが後に「水道哲学」と呼ばれるようになる。恵崎は言う。

「この〝楽土の建設〟を、グループＣＥＯの楠見は〝物と心が共に豊かな理想の社会の実現〟と言い換えているんです」

そして、この使命を達成するために、建設時代10年、活動時代10年、社会への貢献時代５年、合わせて25年を１節とし、これを10節繰り返すという「２５０年計画」を幸之助は発表する。

「25年は、当時の感覚でいう現役１世代です。つまり10世代で楽土を建設しよう、という考え方でした」

10世代、２５０年で楽土を建設する。なんという壮大な発想か。こんな考え方を持つ会社が、今あるだろうか。

続いて、幸之助は、「所主告辞」を読み上げる。

〝凡（およ）そ生産の目的は吾人（ごじん）日常生活の必需品を充実豊富たらしめ、而（しこう）してその生活内容を改善拡充せしめることを以てその主眼とするものであり、私の念願もまたここに存するのでありります〟

この「真使命」の発表は、全店員に深い感銘を与える。その崇高な使命、壮大な計画に胸を打たれた店員は、先を争って演壇に登り所信を延べ、会場は興奮のるつぼと化したという。そして1932年を「創業命知第1年」とし、毎年5月5日を創業記念日と定めた。以降、松下電器はさらに飛躍していく。

わかりやすく言えば、90年も前に幸之助は「パーパス経営」を実践していたのである。しかも、楽土を250年かけてつくろうという、とんでもない長期計画とともに。これが従業員を動かし、驚くほどの企業成長を実現させる原動力となったのだ。

パナソニックは今、原点に立ち戻っている

そしてこの「パーパス」は今もパナソニックグループに息づいている。恵崎はいう。

「この会社の真の使命を簡潔に言い表しているのが、現在の私たちの会社の綱領〝産業人たるの本分に徹し、社会生活の改善と向上を図り、世界文化の進展に寄与せんことを期す〟なんです。そしてこの綱領が意図するところを、よりわかりやすく社会の皆さまにお伝えしているのが、今のブランドスローガン〝幸せの、チカラに。〟ということなんです」

幸之助は、真の使命の表明に合わせて、使命遂行の手段として二つの方法論を提示した。そ

この度はご購読ありがとうございます。アンケートにご協力ください。

本のタイトル

●ご購入のきっかけは何ですか?(○をお付けください。複数回答可)

1 タイトル　2 著者　3 内容・テーマ　4 帯のコピー
5 デザイン　6 人の勧め　7 インターネット
8 新聞・雑誌の広告（紙・誌名　　　　　）
9 新聞・雑誌の書評や記事（紙・誌名　　　　　）
10 その他(　　　　　)

●本書を購入した書店をお教えください。

書店名／　　　　　（所在地　　　　　）

●本書のご感想やご意見をお聞かせください。

●最近面白かった本、あるいは座右の一冊があればお教えください。

●今後お読みになりたいテーマや著者など、自由にお書きください。

どうもありがとうございました。

郵 便 は が き

おそれいりますが
63円切手を
お貼りください。

1028641

東京都千代田区平河町2-16-1
平河町森タワー13階

プレジデント社

書籍編集部 行

フリガナ		生年（西暦） 年	
氏　　名		男・女	歳
住　　所	〒 TEL　　（　　　）		
メールアドレス			
職業または 学 校 名			

ご記入いただいた個人情報につきましては、アンケート集計、事務連絡や弊社サービスに関するお知らせに利用させていただきます。法令に基づく場合を除き、ご本人の同意を得ることなく他に利用または提供することはありません。個人情報の開示・訂正・削除等についてはお客様相談窓口までお問い合わせください。以上にご同意の上、ご送付ください。

＜お客様相談窓口＞経営企画本部 TEL03-3237-3731

株式会社プレジデント社　個人情報保護管理者　経営企画本部長

の一つが、水道哲学と呼ばれる考え方、そしてもう一つが250年計画だったのだ。

「1932年に示された物の充足という当時の理想は、今の日本では大方達成されたのかもしれません。しかし社会の様相は刻々と変化し続けています。そうした中にあって、私たちは今、何をなすべきか。今日、そしてこれからの社会に求められる新たな理想の姿をきちんと認識し、その実現、またはその課題の克服に向けて、それぞれの事業会社で、より適切な方法で使命を遂行していくことが大事になってくるのです」

前章で紹介した「環境」も、実は1932年の「命知」に源流を置くと恵崎は語る。

「気候変動、温暖化、これを食い止めるための貢献。それは社会の公器であるパナソニックグループになくてはならないこと。その考え方の源流になっているのも、楽土の建設、理想の社会の実現という真の使命の自覚である。こう捉えていただけたらと思います」

幸之助の94年の生涯、パナソニック105年の歴史で最も重要な出来事だったという「命知」。このとき、幸之助は弱冠37歳だった。いつも、いろいろな人の話に耳を傾けたという。

「自分は一番わかっていない。いろんな人が先生だと考えていたようです」

そして翌年、幸之助は松下電器の本拠地を門真に移し、「事業部制」を開始する。会社の事業を製品別に分け、ラジオ担当、ランプと乾電池担当、配線器具と電熱器担当。さらに翌年は電熱器が第4事業部となり、四つの事業部となった。

「それぞれの事業部は、あたかも独立企業のようにして経営されなければならない。これが、事業部制のポイントでした」

事業部制は松下電器の成長戦略として世に知られるところとなる。研究開発から製造、販売、利益、資金に至るまで、事業部があらゆる責任を負う。これが、「自主責任経営」だ。グループCEOの楠見がつくった現体制は、まさにこの「自主責任経営」がよりはっきりとできる形で「事業会社化」として行われたのだ。恵崎は続ける。

「そしてもう一つ、重要なことは、自主責任経営は組織のあり方だけの話ではない、と幸之助が強調したことです。従業員一人ひとりのあり方にも通じるのだ、と。だから、小さな仕事でも、自分の仕事を経営と捉えて取り組んでほしい、と訴えかけていくんです」

一人ひとりが経営者になってほしい。これが幸之助の思いだったのだ。会社が強くなるわけである。

「戦後になりますと、〝社員稼業〟という独特の言い回しで、一人ひとりの自主責任経営を強調しました。ちょうど〝サラリーマンは気楽な稼業ときたもんだ〟という植木等の歌が大ヒットした頃。それに対する一種のアンチテーゼとして使い始めたんだと思います」

単なるサラリーマンではない。松下電器の社員であることを独立した自分の稼業として考えてほしい。社員は主人公。そう思えば力が湧く、やりがいも倍増する。こう熱く従業員に語りかけたという。

戦争の時代に、幸之助が経営でやろうとしたこと

「命知」の翌年の1933年、幸之助は松下電器の遵奉すべき五精神を制定する。従業員一人ひとりが日々の仕事に臨む上での心構えであり、反省の視点でもあった。

それが発展したかたちで「七精神」となる（1937年制定）。「産業報国」「公明正大」「和親一致」「力闘向上」「礼節謙譲」「順応同化」そして「感謝報恩」だ。この七つの考え方を従業員に提示し、各事業場の朝会で唱和するようになった。

1935年には、貿易会社を立ち上げ、輸出の強化に努める。また、パナソニックショップの原点ともいえる連盟店制度という販売店網づくりに着手する。「命知」ができると、その後は経営の仕組みづくりに入っていったのだ。

そして株式会社へ改組、事業持株会社となり、九つの事業部が独立会社へと姿を変えた。この株式会社化にあたり、幸之助は松下電器基本内規という人事のルール、行動指針を制定する。その第15条として定めたのが、これだ。

〝松下電器ガ将来如何ニ大ヲナストモ常ニ一商人ナリトノ観念ヲ忘レズ従業員マタソノ店員タ

ル事ヲ自覚シ質実謙譲ヲ旨トシテ業務ニ処スル事〟

会社はどんどん拡大成長を続けていたが、断じて驕ってはならない、と釘を刺したのだ。

「以降も、幸之助は機に臨んで、あらゆる折を見て、従業員に対して一商人であることを忘れるなと訴え続けます。これは、幼い頃の船場での丁稚奉公の日々が、そうさせたのだと思います」

興味深いことがあった。歴史館に、創業前夜の質屋通いの帳簿まで残されていたことである。

「自分の考え方、やってきたこと、言ったことを残していくんだ、伝えていくんだ、ということには、限りない情熱を傾けて取り組んでいました」

どんなことでも正しく残さなければならない、という強い意志が、そうさせたのだろう。

ところが、やがて日本は不幸な戦争の時代に突入する。1937年、日中戦争が始まり、1941年には日米開戦。松下電器は軍部の要請によって、軍需生産に参画せざるを得ない、過酷な時代に突入していく。

戦争末期になると、軍部の要請はどんどんエスカレートしていった。木造船を造れ、はては木製飛行機を造れ……。

「そうした暗い世の中にあって、幸之助が最も心を砕いたのは、従業員の一致団結などの明るい職場づくりでした。終戦の前の年、戦時下で大阪の駅前の大劇場を8日間借り切って、従業員の手作りによる大演芸大会を開いています。また、その前にも2年にわたって甲子園球場を借り切って運動会を開いたりしていました」

世が戦争に進んでいく時代、年に一度の経営方針発表会を行うようになった。その日取りにも意味があった。1月10日。大阪の人なら知らない人のいない、今宮戎、えべっさんの日だった。

「商売繁盛で笹もってこい、の掛け声で大いに盛り上がる縁起のいい日に、新しい年の方針をみんなで分かちあって明るくいこう。そんな思いだったんだと思います」

1945年8月15日、終戦。その翌日、幸之助は早速、幹部を本社に招集し、「松下電器は即刻本来の家庭用電気製品の事業に復帰して、荒れ果てた日本の復興に貢献していく」という宣言を行うが、言うまでもなく経営環境は劣悪を極めていた。

さらに、戦争中の軍需生産参画などにより、日本に進駐した連合国軍の総司令部、GHQから合計七つの制限を課せられ、がんじがらめの状況、会社解体の危機へと追い詰められていく。しかし、これは危機の第一波に過ぎなかった。

「第二波は、日本経済がいっそう過酷な状況に追い詰められたことです。会社も赤字続きで、資金不足、給与は分割払い。果ては、希望退職を募らざるを得ない状況に追い詰められていきました」

そんな中、幸之助が着手したのがＰＨＰと名付けた研究活動だった。Peace and Happiness through Prosperity。繁栄を通じて平和と幸福を実現しよう、という活動だ。

「終戦直後、日本は焼け野原でした。人々の心もすさみ、倫理に反する行動が横行していました。そんな姿を見て、人は、社会はどうあるべきか、どうすれば繁栄を実現できるのか、研究して世の中に訴えかけていこう、と研究所を設立するんです」

その翌年に創刊され現在も続いているのが、月刊誌『ＰＨＰ』だ。厳しい経営環境の中にあって、社会的活動にも力を入れるようになった。事業家を超えた松下幸之助の姿が、浮かび上がってくる。

この数字は、松下電器が望んでいる数字ではない

終戦から5年後、朝鮮戦争の勃発に伴う特需で日本の産業界は復興の波に乗る。これを捉え、松下電器も本格的な戦後の再建に乗り出す。幸之助は１９５０年7月、臨時の経営方針発表会を開き、これからは事業の再建に全力を傾けると宣言する。翌年1月の経営方針発表会の幸之助の言葉が残っている。

〝これからは視野を世界に広げて、再び開業するという心構えで経営にあたる〟

こうして自ら初の海外視察へと旅立った。向かったのは、当時、繁栄の絶頂にあったアメリカだった。恵崎はいう。

「その富み栄えた社会のありさまを目の当たりにした幸之助は、こうした繁栄を一刻も早く日本にも実現させたい、と考えます。そのために、松下電器は何をなすべきか、と自らに問うんです。その答えの一つが、技術の強化でした」

翌年、幸之助はオランダのフィリップスと提携。合弁会社、松下電子工業をつくり、エレクトロニクス時代を迎えつつあった各事業の基盤となる電子部品の開発、製造に乗り出した。

「この頃になると、いよいよ日本にも家庭電化ブームがやってきます。三種の神器と呼ばれた、白黒テレビ、冷蔵庫、洗濯機を揃えることが、日本の各家庭の夢であり、憧れになりました。それを現実に変えていこうというのが、幸之助の思いだったんです」

このとき、松下電器の経営理念を表現するスローガンをつくろうと従業員に呼びかけ、公募で得たメッセージを打ち立てている。

〝限りなく優良品を世の中に、そして豊かな電化生活を人々に〟

そしてこれを実現するべく、松下電器はとんでもない5カ年計画を発表する。1956年の経営方針発表会で、前年220億円だった売上高を5年間で一挙に800億円まで伸ばそう、と言い出したのだ。

「これを聞いた従業員は、いやそれはやはり難しいだろうと受け止めたんですが、幸之助は違いました。できると断言したんです。しかも〝この800億円という数字は、松下電器が望んでいる800億円ではない。日本の国民が望んでいるものだ〟と言い添えて」

いわば、これは松下電器に課せられた社会的責任。松下電器の働きに怠りがない限り、必ず実現できると言い切ったという。

「大衆との見えざる契約である、とも表現しました。言葉の選び方、使い方には脱帽します。本当にコピーライティングのセンスが高いんです」

自分たちの成長は、そのまま社会の人々の豊かさに、幸せにつながるのだ、と会社を鼓舞したのである。

その契約履行に向け、最新鋭の工場がどんどんできた。販売網をさらに強化するため、「ナショナルショップ」と名付けた専売店の仕組みを導入した。

「もう一つ、すさまじかったのが、コミュニケーション活動なんです。大都市の一等地にショールームを開設する。ちょうど誕生したばかりの東京タワーの1階にもありました。地方都市では農村部にいたるまで家電製品を満載したキャラバンカーを走らせて、至るところで家電の展示会、啓発活動を行ったんです。電化生活の素晴らしさをうたった記事満載の冊子も配った」

昭和世代には懐かしい〝明るいナショナル〟のテレビCMソングが生まれたのも、この頃だ。こうして、とんでもない目標は本当に達成されてしまうのである。

しかも、この5年間を見届けるようにして幸之助は社長退任を発表する。当時、66歳だった。

日本の大手企業として初めて週休2日制を実施

1961年、幸之助は会長に就任すると、1950年にいったん中断したPHPの研究活動を再開する。人間の本質を哲学的に追求する研究活動に邁進することになる。

「ちょうどこの頃から、世界のいろいろなメディアが幸之助を取り上げるようになりました。アメリカの『タイム』や『ライフ』からも取材にやってきた」

興味深いのは、『タイム』が、「松下幸之助は五つの顔を持つ人物である」と描いていたことだと恵崎は語る。最高の産業人、長者番付のトップ、哲学者、月刊「PHP」の発行者、そしてベストセラーの著者。まさしく事業家を超えた存在として世界に紹介したのだ。

一方、1964年に日本の家電業界が危機的状況に陥ったことがあった。大型製品の普及が一巡したにもかかわらず、メーカー各社はブームの頃と同じようなペースで商品をマーケットに投入し続けてしまったのだ。松下電器でも日本全国で販売会社や代理店の経営が赤字に転落してしまった。

幸之助はすでに会長という立場に引いていたが、経営の最前線に復帰する。そして、社内で「熱海会談」と呼ばれている3日間連続の懇談会を行う。全国の販売会社、代理店の社長を熱海のホテルに招待したのだ。

「1日目、2日目は激しい意見の応酬が続きました。お互いを非難するばかり。しかし3日目、幸之助は〝責任は松下電器にある〟と言い出すんです」

相当な荒療治が必要であると気づいた幸之助は、流通の責任者や販売会社、代理店の社長の心を一つにしなければいけないと考えたのだ。

「2日目まではガス抜きで意見を言わせ、3日目で松下電器が悪かった、全力で改革に挑むと言って、心を一つにまとめていく。このあたりのやり方が幸之助ならではだと思います。こういうシナリオが自分の中にあったんでしょう。そして、その場のアドリブでグワーッと人の心をつかみ取っていく」

熱海会談後は自ら営業本部長代行に就任、自らのイニシアチブで流通改革を牽引した。

この翌年、大きな出来事があった。松下電器は日本の大手企業として初めて完全週休2日制を実施したのだ。日本はいざなぎ景気が始まり、再び増収増益へと向かう。

「アメリカ企業と同じ土俵に立って、国際競争を勝ち抜こう、と。そのための、今でいう働き方改革の取り組みでした」

実は、1960年の経営方針発表会で、5年後にこれを実施すると表明していた。

「5カ年計画がほぼ達成できた年でした。大きな目標を乗り越えたら、すぐに新しい目標を従業員に示す。夢を絶やさない。それが、幸之助のやり方でした」

実際、週休2日制を導入すると、次は「ヨーロッパを超える賃金を獲得しよう」という新たな夢を見せた。幸之助流の従業員との向き合い方だった。

幸之助の新たな取り組みはまだまだ続いた。1968年、創業50周年記念に松下電器歴史館を開設。1970年、大阪万博で松下館を出展。1973年、相談役就任。1978年、83歳で松下政経塾の構想を表明し、2年後に開塾。

「1978年には中国改革開放の父と呼ばれた鄧小平副首相をテレビ事業部に迎え、懇談の場を持ちました。このとき、鄧小平さんが幸之助に対して〝中国の電子産業の発展に力を貸してほしい〟と要請するんです。それに対して〝わかりました。いくらでもお手伝いさせていただきます〟と幸之助は答えました」

先に触れているが、これこそ「なぜ、中国が今もパナソニックを大事にしてくれるのか」の理由だ。そこには、幸之助の姿があったのである。

「80年代に入ると、日本政府が国際社会への恩返しの意味も込めて、ノーベル賞並みの賞を日本につくろうという考え方を表明しました。これに賛同した幸之助は、財団を立ち上げ、ジャパンプライズ、日本国際賞が生まれました」

科学技術の分野で人類の幸福、繁栄に多大なる貢献を残した世界の研究者を顕彰する賞の実現に向けて、全力を傾けたのだ。

自らの使命である繁栄の実現へと向かい続けた幸之助は、昭和が終わり、平成が始まった1989年4月27日、94年の生涯に幕を下ろした。あらゆるメディアが、20世紀を代表する人物の死去を世界に告げた。

「4歳のときに家が没落、9歳で商売の世界に足を踏み入れ、23歳で創業。14年後の37歳で自らの使命を知り、以降は事業家として、さらには事業家を超えた社会活動家、思想家、日本のオピニオンリーダーの一人として、繁栄というものを追い求め続けた。そういう生涯であったと締めくくることができると思います」

「パナソニック」ブランド、誕生の背景

「ナショナルランプ」を世に送り出して以来、「ナショナル」ブランドで製品を作ってきた松

下電器だったが、アメリカ進出にあたっては、それが叶わなかった。「ナショナル」が、すでに商標登録されてしまっていたからだ。

海外事業は、1950年代になって戦争で中断していた輸出が復活。1959年に、戦後初の海外販売会社として、アメリカ松下電器がニューヨークに設立されている。1960年代には、アジアやラテンアメリカの国々を中心とした各国、各地域で海外製造事業がどんどん立ち上がっていった。

「海外での製造事業を担うグループ会社のことを〝ミニ松下〟と呼んでいました。松下電器の分身のような存在を各国、各地域に設置する、というニュアンスだったんです。このミニ松下が理念に掲げたのが、それぞれの国、地域の繁栄に貢献するという考え方でした」

こうした海外事業の流れの中から誕生したのが、パナソニックというブランドだった。当初は1955年に開発されたアメリカ向けのスピーカーの愛称だった。

後にこのパナソニックが、アメリカでのブランドとなり、やがて世界各地で使われるようになる。

「日本では、1960年代から〝アメリカで認められたパナソニックです〟という打ち出しで、使っていたんです」

当時はアメリカという国への憧れが強かった時代。マーケティングで活用したのだ。ナショナルは幸之助が考えて生み出したものだが、パナソニックというブランドの誕生に、幸之助が関わったという明確な記録はないという。

「アメリカの従業員などが中心になって、生み出されたようです。広がり〝汎〟を意味する〝パン〟と、スピーカーですから音を意味する〝ソニック〟との造語ですね。音響製品にぴったりだ、語感がいい、ということだったのだと思います」

後に、いわゆる白物家電はナショナルのブランドを、テレビやビデオなどのオーディオ&ビジュアル製品はパナソニックのブランドが使われるようになる。ナショナルという伝統的なブランドが支持される一方で、パナソニックというブランドのカッコ良さを支持する人も多かった。

「ただ、松下電器、ナショナル、パナソニックと、三つもブランドがあってややこしいわけです。これを統合しよう、という話はかなり前からありました。社長が大坪文雄のとき、2008年10月1日をもって、社名も含めてすべてパナソニックに統一しました。これは、本当に大変な決断だったと思います」

こうして松下電器産業、さらにはナショナルは、パナソニックになった。

実は今でも東京で一箇所、とても著名な場所で「松下電器」という文字が多くの人の目に飛び込んでくる場所がある。

「浅草の雷門です。あの赤い提灯の下に〝松下電器〟〝松下幸之助〟の名前があります」

提灯だけでなく、門そのものが幸之助の寄進なのだという。

「雷門は、歴史上、何度も火事で焼け落ちているんです。最後に焼け落ちたのが、明治維新の少し前でした。ところがその後、再建されなかった」

雷門という名前はあるのに、肝心の門がない時代がずっと続いた。そして1950年代になって、浅草寺の住職が幸之助に雷門の再建を願い出たのだという。

「幸之助は、〝わかりました。では、寄進させていただきます〟と、1960年5月にできたんです。当時の松下電器は5カ年計画が1年前倒しでほぼ達成され、事業としても絶頂期にありました」

雷門に行く機会があれば、確かめてみるといい。提灯に、「寄進 松下幸之助」と記されている。

コーポレートコミュニケーションの天才

まだ小さな会社だった時代のナショナル第1号製品から、新聞広告を打つ。「命知」というメッセージで企業のあり方を説く。綱領や信条で従業員の心をつかむ。思えば松下幸之助とは、コーポレートコミュニケーションの天才、といえたのかもしれない。

松下電器は広告の名作を数々、生み出したことでも知られるが、幸之助の発信は商品の宣伝だけにとどまらなかった。自身の署名を記した広告をたくさん出しているのだ。

１９３０年には、「ナショナルは電気コタツを作った。ぜひ安心して使ってください」という新聞広告を、署名入りで出している。１９３２年にラジオ特許を無償で業界に公開したときも、同様に署名入りだった。

署名はないが、当時としては風変わりだったであろう広告も多い。例えば、１９３２年家庭電化に関する論文を一般の人たちから新聞を使って募集している。

１９３６年には、「新規事業として電球を作り始めます」という決意表明のような広告もある。当時はまだ業界では弱小、製品も良くなかったが、けれども頑張る、という広告だ。

１９５１年には、すでに家庭の電気が進んでいたアメリカから戻ってきて意見広告のようなものを出している。「我々の生活はこれでよいか？」という提案だ。

１９５７年には、文化の日に「地球上14億の女性の中から　ひとりえらんだあなたの奥さま」というキャッチコピーの広告を打っている。

「奥さまは、家事でへとへとではないですか、と問いかけたんですね。日本の文化向上というが、まずは女性を家事の重労働から解放することが先決です、と」

これまで恵崎は数多くの人を歴史館で案内してきたというが、この広告にピンと来たのが、

ナショナル電氣コタツに就て

最近急激な家庭電化の普及發達は一様に電氣機械器具の機構品質を高め加ふるに需要の擴大は二三年に比して數倍しその價格も亦殆ど三〇パーセント程度の下落をみるに至り、電化普及の過渡期ともいふべき時代は過ぎて、大体一般電氣器具の價格は落着くべき所に落着いたやうに見受けます。

弊所は大正七年創業以來鋭意電器メーカーとして電氣事業の發達に盡し粗製濫造を廢撃すると共に材料の吟味精選を行ひ、優秀品の大量生產、廉價提供に專念して大方同業者より優秀メーカーとしての定評を賜りましたが、殊に昨年ナショナル電氣コタツの發賣を開始するやその自働溫度調節器を始め、各部機構の完全と體裁の清新優美とは擧げて業界驚異の焦點となり、第一回試賣多萬個は完全に之を賣盡して猶足らざるの御愛顧と御賞讃を戴きました。本年は更に拾萬個製作の計畫を樹て著々準備中の處最近漸く完成し、茲に一齊發賣開始致しました。

本年度のナショナル電氣コタツは百尺竿頭更に一歩を進めてラヂオに絶對無影響の自働溫度調節器に加ふるに溫度可熔片を以てして、蹴つても轉ばしても絶對危險なき安全二重裝置とし、强弱自由に溫度を加減し得る溫度加減裝置を施し、使用能率一〇〇パーセントの優秀品と致しました。

本品の品質に就ては昨年同様本年も亦大阪市電氣局を始め各地の電燈電力會社の御採用を得ましたる事實によつて充分御納得賜るものと存じます。

扨て愈々コタツの需要期も近いて參りましたが絶對安全なる名實共に優れたるナショナル電氣コタツを今年は是非一度御採用下さいまして、家庭電化の實際的効果を御試し下さらんことを切に御願ひ申上げたく、先は右御披露旁々御挨拶申述べます。

松下電器製作所
松下幸之助

1930年に作成した幸之助署名入りの広告。
「蹴っても転ばしても絶対危険なき安全二重装置」と安全を強調する。

グーグルからやってきた、現在はパナソニックHD執行役員の松岡陽子だったという。〝私がやらないといけないのは、松下幸之助さんが60年くらい前にやろうとしていたことを、2030年をベースにやることです〟といろいろな場で発信しているそうだ。

「1959年には、今の上皇さまのご結婚慶祝番組の告知広告を出しています。1社提供で朝から晩まで特別の番組を提供したのですが、その番組宣伝でした。テレビが爆発的にヒットした年ですね」

1960年、日本に貿易自由化の波が押し寄せた。まだ自由化は早いという声もあったが、幸之助は「実は熟した」という意見広告を出す。その翌年には、「アイデァ日本」と題して正月の広告で、国際競争に打ち勝っための日本のあり方を提言した。もう基礎はできた、日本に足りないのは、すぐれたアイデアだ、と。

そして1965年に出したのが、「儲ける」というタイトルの新聞広告である。「この大事なことをもう一度　真剣に考えてみましょう」というサブタイトルがついている。

「日本の家電業界がガタガタになり、熱海会談を経て、新しい販売制度を導入したときの決意表明です。これは、幸之助の社会の公器というものに対する考え方をよく表しています」

ヒト・モノ・カネをはじめとする経営資源は、いずれも社会からの預かりもの。企業はそれらを正しく有効に用いて、適正な利潤――儲け――をあげなければならない。儲けてこそ、税や株式配当、あるいは社員の福祉向上を通じて、富を社会に還元できる。ここに「社会の公器」たる企業の本分がある、と。恵崎が解説する。

「預かりものを衆知を集めてフルに活用して役立つ製品やサービスを作り出し、それをお客さまにお届けする。その貢献の代償、報酬としていただくのが、利益であるということです。利益がないというのは、役立っていない証拠。罪悪だと言っているんです」

だから、適正に儲けよう、というメッセージなのだ。安ければいいというものではなく、適切ないいものには対価が与えられ、適正な利益を得たものがさらに良い社会を作っていく。これは「環境」含めて、まさに今に通じるメッセージではないか。

儲ける

この大事なことをもう一度 真剣に考えてみましょう

立派に乗り切った武力敗戦

昭和二十年の八月 わが国は武力でやぶれ一時は ぼう然として 生きる望みさえも失おうとしたのであります

しかしながら よく持ち前の勤勉さと理智を生かし 敢然として廃虚の中から 復興に立ち上り その経済成長は 全世界の人びとが目をみはるほどの成果をおさめました

そして 現在では 立派に世界の一流経済国の仲間入りをし 堂々と 技術で競争できるたくましい工業国に成長しているのです

断じて許されない経済敗戦

ところが一方 現在の一般経済界はどうかといいますと 一つの迷いと申しますか 大きな混乱が あちこち目につくのであります

不用意な信用取引による赤字決算や無責任経営で行詰った大企業の倒産など 経営の弱体をしみじみ痛感する昨今でございます

これには 一般経済界の不況は勿論 過剰生産 過当競争 借金経営 信用の膨張 極端な値引きなど いろいろな要因がございましょう しかし 何と申しましても 過去に生か死かといった不況もなく "商売のきびしさ"を真剣に追求しなかった 安易な経営態度にもあると反省するのであります

電機業界も ひとりその枠外ではありません

みなさま 私は 今こそ よほどしっかりした考え方で 真の経済再武装を計らなければならない時機だと考えるのであります

もっと尊重してほしい利益観

経済再武装――それは 利益を尊重するということです 適正に儲けるということです

今日 企業の儲けの半分は 税金として国家の大きな収入源となり このお金で道路が造られたり 福祉施設ができたり また減税も可能になり 直接に間接に 全国民が その恩恵を受けているのであります

こう考えますと 利益を軽視することは 企業を私有化し 商いの口銭を私的処分の面からだけ考える 非常にせまい経営観であり 大変に間違ったことだと申せましょう

人物金すべては天下のもの

そもそも事業活動をするためには そこに必ず 人と物と資金が必要であります

ここで大切なことは それらはすべて天下のものであるということです 株主から金を集める 銀行から資金を借りる そこに働く人間は社会に有用な人ばかり 土地にしても物資にしても すべては広く天下のもの いかなる経営者も このことを忘れてはならないと思うのであります

企業が適正な利潤を得ることは 国家 社会の繁栄 国民の幸福の鍵であり むしろ企業に課せられた大きな社会的責任であるといえましょう

逆に 企業が赤字となれば これは単にその商店や会社の損失にとどまらず 社会に対して一つの大きな罪を犯したのだという厳しい自覚をもってしかるべきと思うのであります

商売に信念をもつ時代

こうは申しましても 実際の商売には相手がございます 一部の心なき人びとによって安易な取引が行われますと 自他ともに極端な値引きが強いられ その結果 無茶な価格競争が展開されることにもなりましょう

この時に必要なのは 一つの人間的な決意であり 商売に対する毅然たる信念であります

今日の社会は連帯の社会であります みんなが消費者であり 同時に生産者であります 消費することのみで生産しない人は 一人としてありません 生産者のみの経済もなければ 消費者のみの経済もあり得ない つまり 造る者 使う者 売る者 買う者 すべてが共存共栄で 豊かな繁栄を生み出さなくてはならないのであります

この辺の道理は よく説明すれば 一人として理解して頂けない消費者はないと信じます

実際に 商品を愛し商売を愛し お得意様奉仕の気持に徹し 信念をもった経営をする時代がきているのだと考えるのであります

ありえない 利益なき繁栄

松下電器の新販売体制も整いつつあり あらゆる分野で力強く推進されています 価値ある商品もお約束しております

みなさま 適正な競争で適正に儲けましょう そして 国を富ませ 人を富ませ 豊かな繁栄の中から 人びとの平和に対する気持を高めようではありませんか

そして 電機業界は お互いの決意によっては これだけのことが立派になし得る 実力ある業界なのであります

松下電器産業株式会社

松下幸之助

過剰生産、過当競争、極端な値引きで経済低迷の中に出した意見広告。
適正な利潤を得ることは「企業に課せられた大きな社会的責任」と説いた。

企業として人々を豊かにしたいという思い

パナソニックHDではこれまで、目指すべき理念については「経営理念」という言葉を使ってきたという。しかし、グループCEOの楠見が就任してからは「経営基本方針」という言葉に特化するようになった。

「違いは何か。幸之助は、いろんなことを考えていたんです。事業のことだけではなく、国家のこと、人間とは何か、幸せとは何か。その中で、私たちの事業に直結する理念や考えの数々、天体でいえば銀河系の中の太陽系みたいな領域が、経営基本方針なんです。中心となるのは綱領、信条、七精神。そのまわりにいろんな訓示や指針に関する惑星が回っている」

幸之助も、最初から命知に至ったわけではなかった。事業の成長とともに、どんどん事業に対する使命感が盛り上がっていったのだ。これが最初に文章化されたのが、綱領だった。ただ、そこで立ち止まることはなかった。だから、その3年後の1932年に使命を知ることができた。

「その真の使命をみんなと分かち合いたいと初の創業記念式を開いた。ここで、水道哲学と250年計画を従業員に提示しました。幸之助が言っているのは、250年が経っていなくても、経っても、使命を遂行し続けるのだ、常に新たな理想に向かうんだ、ということなんです」

それが今に結実したのが、「幸せの、チカラに。」であり、「Panasonic GREEN IMPACT」なのである。

「1932年の段階で、もう基本形ができていたんです。それからミッションに向けて突っ走った。戦争中に使命の遂行は一時中断したものの、戦後はアメリカのような繁栄を日本にも実現させたいと、日本の家庭電化に邁進した」

取材に同席していたパナソニック オペレーショナルエクセレンス コーポレート広報センター所長の井田啓介は、こんなことを語っていた。

「そもそも企業として、人々を豊かにしたいという強烈な思いがある。そこがすべての源流なんです」

幸せは時代時代によって、変わっていく。幸之助が使命を自覚した頃は、とにかくモノがなかった。モノを揃えることが幸せの形だった。しかし、今は違う。人によっても違う。だから、「幸せの、チカラに。」は簡単なことではない。

これだけ世の中が複雑化し、価値観も多様化すれば、昔のようなわかりやすさはない。ブランディングが難しいのも当然のことだ。ただ、それでも挑むところに価値がある。幸之助が、とんでもないアイデアを、大風呂敷を経営に持ち込んだように。

いずれにしても、会社とは何か、商売とは何か、仕事とは何か、を幸之助のエピソードは突きつける。恵崎はいう。

「社会から預かった経営資源をきちんと活かして、適正に儲けさせていただく。そうして得た富を納税や株主配当などを通じて社会に還元していく。このサイクルを社会と共に歩みながらいつまでも続けていく。こういう形なんだと思うんです、幸之助が考えた企業観というのは」

昨今、日本企業の利益率の低さがささやかれることがある。しかし、それをもたらしているのは、誰なのか。そして、儲からないことで誰が得をしているのか。安さばかりに注目が集まり、値上がりすればテレビのニュースになってしまうような世の中は、果たして健全といえるのか。

「儲けることは大切なんです。適正に儲ける。それは尊いことだと幸之助は言っている。儲けないと何もできないからです」

あの新聞広告は、掲載から1カ月後、一字一句変えることなく、社内報に転載されたという。

幸之助が今、生きていたなら、果たして何をしただろう。

第4章

若手社員が担う「パナソニックらしい」先端デジタル・コミュニケーション

ユニークなオウンドメディア「q&d」はいかにして生まれたか

ブランドスローガン「幸せの、チカラに。」と環境ブランディングの2本柱で展開されている、パナソニックHDのブランド戦略。ここから、さまざまな取り組みにつながっていくのだが、注目すべき施策についてご紹介したい。

若年層の認知度が下がったことは大きな課題であり、そのためにフォーカスしたテレビメディア戦略なども行われていたことをご紹介してきたが、デジタル・コミュニケーションでもユニークなオウンドメディアが展開されている。

第1章でも触れたが、単に情報を発信するのではない、対話型のオウンドメディア「q&d」だ。サブフレーズとして、「問い（question）と対話（dialogue）で幸せの、チカラに。」パナソニックのライフスタイルメディア、という言葉が置かれている

メディア名は「question and dialogue」の略。一方的な発信をせず、「対話によって一緒に考えていこう」をコンセプトにしたユニークなメディアである。

ページをスクロールすると、さまざまな問いが置かれている。「理想の家族ってなんだろう?」「わたしとあなたの境界線」「ポストワーククライフバランス」「地球とわたしにやさしい日々の過ごし方」……。

「この問いを考える」をクリックすると、「この問いから生まれた記事」がたくさん出てくる。

「家族になる条件」「理想の結婚」「ロボットから考える他者とのほどよい関係性」「中高生の家族観の変化」などなど、いろいろな人に話を聞いていく、多様な切り口の記事が展開される。

問いから始まるのもユニークだが、さらにユニークなのは、取材の聞き手が実際のパナソニックグループの従業員であることだ。〝社員ライター〟は、出身大学や入社後の経歴、趣味など自身のプロフィールも掲載されている。

さまざまな〝社員ライター〟が執筆した、さまざまな記事を読むことで、さまざまな「問い」について自分なりに考えていく、という建て付けになっているのだ。

取材をした社員ライターが感じたことを音声で聞くことができる「q&dラヂオ」にもリンクが張られる。

このオウンドメディアを立ち上げ、2023年3月まで編集長を務めていたのが、パナソニック オペレーショナルエクセレンス コーポレートコミュニケーションセンター コミュニケーションプランニング室 統合発信1課課長の橘匠実だ。背景にあったのは、危機感だった。

「私は今、36歳なんですが、私たちが中学生の頃は、自分たちがお小遣いを貯めて買うパナソニック製品がたくさんあったんです。そういう商品がなくなっていく中で、若年層がパナソニックを、商品を通じて知る機会が薄れていくんじゃないか、という課題認識はもちろんありました。その一方で、私たち自身も若年層を知っていくきっかけがなくなってしまったのではないか、と感じていたんです」

若い人たちはどんな暮らしをしたいのか、大人になった後にどんな商品を求めるのか。お互いの関係性がなくなっていくことで、そのことがわからなくなっていってしまうのではないか、という危機感があったのだ。

「私たちは商品を作っている部門ではありませんが、ブランドコミュニケーションという手段を使って、どうすれば若年層とつながれるかを考えたんです。長年にわたって暮らしというものを預かってきたと自負しているパナソニックが、今の10代、20代の人たちが思ういい暮らしというものを理解できていないのだとすれば、メディアを通じて彼らの考え方を理解し、対話することで、一緒にいい暮らしを作っていけるようなコミュニケーションができるのではないか。そう考えて、一緒にいい暮らしに関しての問いを立てるメディアをやってみたいと思ったんです」

若年層向けのコミュニケーションがこぼれてしまった

立ち上げにも加わり、2023年4月から編集長を務めている同コミュニケーションプランニング室の松島茜が付け加える。

「そもそも若年層がまず何に困っているのかがわからない。そんな中で、これまでのように一方的に、こういう生活がいいですよ、と発信していくのは違うな、と思っていました」

では、自分に合うもの、いいものとは何なのか、商品を選ぶもっと根底にある〝なぜ〟というところから若年層と一緒に考える、というのが、大もとのコンセプトだ。

「世の中にはトレンド情報はたくさんありますが、それを単に紹介しましょう、というのではなく、どうしてそれがいいのか、から考える。有識者や実際の若年層と一緒に考えた上で、こんなふうに私たちは考えました、あなたはどうしますか、という形で最終的なアクションは読者に考えてもらう。そんな余地を残せるコンテンツを意識して作っています」

パナソニックグループでは、事業会社も含めて、たくさんのオウンドメディアやデジタル発信が行われている。そんな中で「ｑ＆ｄ」の位置づけを端的に語ってくれたのは、橘と同期で同センター クリエイティブ推進室の田中麻理恵だ。

「経営理念やブランド理念を体現したオウンドメディアは、これまではなかったのではないかと思います」

まさにブランドスローガン「幸せの、チカラに。」を形にしたデジタルメディアの一つ、と位置づけられるかもしれない。

ここ10年ほどで若年層向けの商品が減ったのは、先にも触れたように２０１１年から２０１

2年にかけて巨額の赤字を計上したことが原因だ。不採算事業が整理され、収益性の高いB2B事業へのフォーカスが行われた。橘はいう。

「それより前は、商品もたくさんあって、ものすごい量の宣伝投下も行われていました。老いも若きもパナソニックに触れるタッチポイントがあった。ところがそれがなくなって、当たり前に存在していたブランド認知が低くなっていった。そのことには数年後から気づいていたんです」

最初に問題として現れたのは、新卒採用だったという。2016年から就職採用ランキングの順位がどんどん落ちていったのだ。それがさらに顕在化したのが2020年頃だった。

「家電製品はありましたが、向き合っている市場が、プレミアム路線になっていたことで、コミュニケーションでも若年層がこぼれ落ちてしまったのだと思います。事業戦略としては正しかったんですが、若年層には向き合えてこなかった」

2017年の入社だという松島は、当事者としてそのことを実感していた。

「就活をしていた頃を思い出すと、漠然と大きな電機メーカーというイメージがあったんですが、具体的に他の会社との違いが明確にわかっていたのかというと、あやしいです。ドライヤーなどのビューティー製品を使っているという自分との接点はありましたが、それ以外の部分での企業の印象は強く感じられていなかったような気がします」

もちろんパナソニックHDとしても、デジタル発信は積極的に行われていた。田中はいう。

「ツイッターなどSNS発信はコンスタントに続けていましたが、発信するメッセージは若年層に向けた内容というよりは、どちらかというとニュースの展開という位置づけが強かったと思います」

3人は以前、パナソニックグループのブランドコミュニケーションにつながる展示会を企画、開催する部署にいて、若年層に向けた展示や新規事業支援などを行い、認知度を上げる取り組みをしていた。そこで、若年層に対する発信の少なさを実感していたのだ。

そんな中で、若年層認知度53％というデータを聞かされた。これは、やはり衝撃だったという。橘は語る。

「嘘かな、何かの間違いかな、と思いました」

ブランディングワーキンググループから

「q＆d」スタートのきっかけは、2021年に立ち上がったワーキンググループだった。いろいろな部門から上がってくる課題と、さまざまな調査データを組み合わせ、ブランドの課題意識から六つのワーキンググループが作られた。

B2B、インナーコミュニケーション、歴史・文化、環境、事業貢献、そして若年層ブランディング。その中で若年層ブランディングのワーキンググループの担当になったのが橘と松島、そして後に参加することになった田中の3人だった。橘はいう。

「当時のブランド部門は、かなりサイロになっていて、担当していた展示会だけやっていればいい、というような状況だったんです。でも、ユーザーにしっかり視線を向けてコミュニケーションをオーガナイズしていかなければいけないと、ワーキンググループが発足したんです」

田中が付け加える。

「展示会を担当していたとき、若年層ブランディングに対する課題意識はすでに私たちにはあったんです。それは当時の上長の影響も大きかった。企画書や報告書の資料を作るときに、対若年層コミュニケーションに関するコメントを入れておいて、という指示がよくあったからです」

若年層ブランディングのワーキンググループではさまざまな取り組みを推し進めていったが、その一つが「q&d」の立ち上げだった。橘がいう。

「若年層は暮らしについて、どんな課題意識を持っているんだろうか、をまずは考えたんです。いろんな方とワークショップをしたり、編集部で話し合う中で、暮らしというのはもっと広いものなんじゃないか、ということになって。例えば、家族でいい関係を築きたい、生活環境を自由に選びたい、他者とお互いを認め合いたい……。自分が生きていくうえでの価値観に触れるようなポイントで、若い人は悩んでいるんじゃないかと」

その一つひとつにフィットするパナソニックグループの商品は、現状では存在しない。他社にもない。ならば、それを記事を通じて読者に伝え、そこからフィードバックをもらうことで、新しい商品に、あるいはブランディングにもつなげられるのではないかと考えた。

「若年層を理解するための辞書のようなものになるんじゃないか、と思ったんです」

興味をひかれたのは、〝若い人が考えている、いい暮らしがどんなものかは取材する側は知らない〟という前提でプロジェクトが動いていたことだ。そうはいっても、想像はつく。情報もたくさんある。なんとなく、こうだろうと仮定もできる。

しかし、彼らはそうはしなかった。改めて、本当はどうなんだろう、という問いを立てたのだ。しかも、一緒に考えよう、と。一方的な情報の危うさを、彼らはわかっていたのだ。橘はいう。

「例えばSNSって、自分が興味がなくてもどんどんタイムラインにあがってきて、なんとなく消費して終わることが多いんです。実はたいして考えずにめくっているだけなんですよね。そうなったとき、世の中にあまたある、いいとされている情報を自分で受け取って、これは自分らしいからやろうとか、これはもういいやと取捨選択するためには、もうちょっとちゃんと考えなければいけないんじゃないか、と思っていたんです」

これこそ、若年層の目線だった。さらに徹底的に議論し、実際の若年層にも話を聞き、たくさん出たキーワードをグルーピングして11個のテーマを作った。

これを「11の視点」として特集を展開。2年かけて一巡させている。

若い人たちが強く反応した記事とは？

若年層の「本当」はどこにあるのか。一方的に想像したり、押しつけたりすることなく、時には直接、会話を交わしながら探り、展開していった記事は、じわじわと支持を得ていくことになる。橘はいう。

「実際に対話をしてみて、なるほどこういうことに悩んでいたんだな、ということが、私自身の中でも、だんだん腹落ちできるようになりました」

そして「暮らしをつくるメディア」は、どんどん若年層の「本当」に近づいていく。例えば11の視点のうち「自分に合ったスタイルで暮らしたい」は、暮らしというものを超えたところにニーズがあった。

「暮らしのメディアなのに、〝ずっと働いていて、このままでいいんだろうか〟なんて記事を

これからのくらしを考える11の視点

1. Better Relationships　他者との良い関係を築きたい
2. Lifestyle for Planetary Good　地球環境にうしろめたさなく暮らしたい
3. Work Life Integration　良い仕事と良いくらしを両立したい
4. Unique and Inclusive　他者を認め柔軟に暮らしたい
5. Make Your Own Way　自分に合ったスタイルで暮らしたい
6. Lifelong Learning　常に学び続けたい
7. Well-Aging　良い年の取り方をしたい
8. Life Explorer　自由に生活環境を選びたい
9. My Theory on Life　こだわりを持ち続けて暮らしたい
10. Be True to Yourself　欠点含めて自分と向き合いたい
11. Ethical Consumption　納得して意味のある消費をしたい

若年層読者に向けたデジタルメディア「q&d」。
若年層にも話を聞いて11の視点にテーマを絞り、特集を展開している。

書いてみると、大きな反応があったりするわけです。仕事と暮らしの向き合い方について悩む人が、たくさんいることが改めてわかりました」

この視点から「自分らしさの現在地」という特集が組まれ、二つの人気記事が生まれた。

「働きすぎてしまうのはなぜ？　松波龍源さんに聞く、私たちがくらしに向き合えない理由」(僧侶の松波龍源氏インタビュー)

「楽しいはずの休日に後ろめたさを感じてしまうのはなぜ？　脳科学と幸福学の観点から考えてみた」(大学教授の前野隆司氏インタビュー)

松島は、読者が思わず反応してしまったのではないか、と語る。

「働きすぎていると感じているし、休日に遊んでいていいのかと不安を感じる。そう思っていたから、思わずクリックしてしまったんだと思うんです」

他に大きな共感を得た記事として、これがある。

「夢がないとダメなの？　自分の小さな欲から導き出す、『私らしい夢』の描き方」(考え方屋さん桜林直子氏インタビュー)

松島は、こう語る。

「今は多くのメディアで、〝やりがいを見つけましょう〟〝あなたは何のために生きているんですか〟みたいなメッセージが多い。それに対して、〝自分は夢がないからダメなんだ〟といった、

「q&d」の人気記事。「つい働きすぎてしまうのはなぜか?」(上)
「楽しいはずの休日に後ろめたさを感じてしまうのはなぜ?」(下)

ちょっと苦しい気持ちになっている人も少なくなかったんだろうな、と思いました」

読者へのインタビューでも、「ただ生きているけど、これでいいのかという不安感を持っている」という回答が多かったと田中は語る。

「サァーっと読みたい層には重たいメディアに見えますが、タイトルに惹かれて読んで共感して、SNSで感想とともにシェアしてくださる方もいる。刺さる人にはすごく刺さるんだな、という印象を持っています」

3人の中では最も若い松島は、暮らしの中でもっと多様性や個人の価値観を認め合いたい、という思いがこの仕事へのモチベーションの源泉なのだという。

「与えられたものを鵜呑みにするのではなく、能動的な考えを促してみたいという気持ちがあります。流行り言葉が一人歩きしても、実はその言葉を誰も説明できなかったりしますよね。だから、根本から私たちもまず考えてみる。ブランドコミュニケーションとしては少し遠回りかもしれませんが、そういうことをやってみたいんです」

お互いが認め合うためにも、もっともっと考える環境に身を置く必要があるのではないか、ということだ。これもまた若い人ならではの視点だろう。

「普段の若年層がやっているような情報の触れ方をずっと続けていくと、何年か経ったときに、どうなってしまうのか、という心配があるんです。本当に自分のやりたいことができるのか、それでいいとはっきりと思えるのか。私自身、自分で中身を理解して、自分でそれを支持するかしないかをしっかり判断したいんです」

一方、初代編集長の橘のモチベーションの源泉は、社員の思いが乗り、パナソニックが伝わっていくメディアを作ることだった。

従業員がライターになり、プロフィールも明かしている意図

先にも触れたが、「q&d」の大きな特色の一つは、プロのライターを使うのではなく、従業員がインタビューし、署名入り、顔写真入り、プロフィールまで入れて、自分で記事を書いていることだ。橘はいう。

「まず大事にしたのは、価値観を押しつけないこと、私たちもわかりませんというスタンスをとることだったわけですね。若年層の暮らしは何がいいかなんて、誰にもわかりません。だから、一緒に考えましょう、と。そのためにも、従業員が顔と名前を出して本心で語り、そこからパナソニックグループらしさを感じてほしい、という思いがありました」

特定の商品やソリューションを訴求する記事はない。役員が出ている記事もあるが、それも「自分がどういう暮らしをしたいのか」というところにフォーカスした内容になっている。

「オウンドメディアもＳＮＳっぽくやったほうが、見てもらえるんじゃないか、と思ったというところもあります。ＳＮＳには自分のプロフィールがありますよね。ソーシャルメディアっぽいオウンドメディアにしたほうがいいかな、と」

先の「夢がないとダメなの？」という問いの記事は、一見キャリアウーマンに見えるような女性社員が記事を書いている。等身大感のある問いは、とても評価が高いという。松島が語る。

「最近、大学生のインターンに感想を聞いたら、『会社員の人でもこんなふうに悩んでいるんだと思って元気が出た』と言われて。このコメントはすごく新鮮でしたね。従業員が語っているということの親近感は、自分たちが思っている以上に面白さになっているのだと感じました」

だが、これだけの大企業で従業員が自身の名前とプロフィールを出し、会社のオウンドメディアで記事を書いているのだ。想像するに、簡単なことではなかったのではないか、と問うてみた。すんなりＯＫは出なかったのではないかと。橘はいう。

「こんなところで従業員がプロフィールを出すのはどうなのか、リスクについての議論はもちろんありました。そこで、何がリスクで、それに対してどう解決すればいいのかを、すべて一覧表にしたんです」

オウンドメディアをスタートさせるにあたり、情報部門や人事部門、ブランド部門に「何がリスクで、どう解決でき、どうすれば安心なのか」を聞いて回ったのだという。

「そうしたら、全部で60のリスクがありました。例えば、社員でないアカウントがなりすましによって不正な利用をし、悪意のある投稿が行われるリスク。社外秘情報の流出リスク。投稿によって肖像権や著作権、知的財産権を侵害するリスク。社員がブランドを毀損する投稿が行われる……」

そして、その一つひとつについて解決策を提示したのだという。役職者や役員が集まる場で、60すべてについてガイドラインを作り、どうトレーニングするか、である。

「もちろん、従業員が表に出ることでこんないいことがあります、ということも伝えました。一方で、リスクはもちろんある。だったら、リスクをすべて明らかにすればいいんです。多くの場合、リスクをはっきりとわからずに恐れているんです。あとは、自分が責任を取ります、と明確に説明したら、反対する人はいませんでした」

メディアづくりと並行し、このプロセスも合わせて準備には1年をかけたという。そうまでしてでも、橘が従業員に登場してもらいたかったのには、理由があった。

どうして大企業の面白い人たちは表に出てこないのか

まだ「q&d」ができる前、橘は若年層ブランディングワーキンググループで、「Panasonic

Young Leaders」というプログラムを行っていた時期があったのだという。橘は語る。

「従業員のインフルエンサーを作ろう、というものでした。ただ、もともと会社からの公式発信だけでは、ちょっと限界があると思っていたんです。正しいことを一次情報として伝えることには価値があるんですが、パナソニックグループって面白い従業員がたくさん働いている会社なんだ、ということは、なかなか伝わらないと思っていて」

もっと個々の従業員の専門性やキャラクターを出し、実際の会社の雰囲気が出るようなソーシャルメディアを作りたいと考えていたのだ。

「優秀な従業員を集め、ブログを書く力とか、動画でしゃべる力とか、炎上したときの対応とか、ソーシャルメディアについてのトレーニングを3カ月して、オフィシャル・アンバサダーという形で半年間くらい活動してもらおうというものでした」

募集すると30人のノミネートがあり、選ばれたのは3人。上司の許可を取り、公式アンバサダーとして業務時間の2割をもらい、さまざまな発信を行った。

この「社員インフルエンサー」は、一部で話題になった。橘が主催者としてテレビメディアに呼ばれ、プログラムについて詳しく聞かれたこともあった。

「従業員からの発信というのは、私のライフワーク的な一面があるんです。自分の色が出てしまって申し訳ないんですが、個人と会社の関係性をもう少し変えたいと考えていました。例えばベンチャーで働いていたら、会社の看板を使って個人が自分で勝負する、みたいなイメージがあると思うんです。でも、大企業にいると、なぜそうはならないのか。何より、まず個人の言動によって会社の名前が汚されることを恐れてしまうわけです」

これはパナソニックに限らずだが、多くの大企業で、社員をあまり前に出したがらない、というカルチャーがあるのではないか。

「でも、実際社内にすごく優秀な人が働いているとき、パナソニックグループよりもベンチャーのほうが活躍できて面白いというイメージを持たれることに対して、すごく違和感があったんです。パナソニックでも、自主性を持って働いて活躍できているのに、それを外部に発信することに関しては、みんな広報的なリスクを考えてしまう」

ならば、しっかりトレーニングを行い、リスクも理解した上で思い切り発信することができたら、大企業の中にもこれだけ面白い人がいるのだと伝えられるのではないか、と考えたのだ。

「そうすると、若い人たちも、パナソニックグループにちょっと違う印象を持ってもらえるんじゃないかな、と」

この思いの背景にあるのが、2017年から3年間、アメリカに駐在していたことだ。

「アメリカではリンクトインというSNSがよく使われています。個人で会社のことをうまく評価したり、会社としてもSNS上でその従業員を称えたりして、そこで得た評価を積み上げていく。キャリアアップして転職する場合もあるんです」

個人がまず独立した存在としてあって、活躍する場として会社があり、その活躍をソーシャルメディアで発信して、それを評価する。そんなカルチャーは、日本にはないと気づいた。「むしろ匿名だったり、プライベートと仕事は分けたりする。会社のことを話すと炎上するから、とか。ぜんぜん違うと思ったんですよ。だから、アメリカみたいな文化を日本に持って来られないかな、と」

初期のプログラムも「q＆d」も、その骨子はアメリカにいたときに構想していたのだ。

大企業でも活躍できることを示したい

従業員が会社のオウンドメディア上でプロフィールも含めて実名で登場することのリスクを60も洗い出し、そのすべてについて解決策をつけ、「わからずに恐れている」ことを橘が明らかにしたのは、会社に属する個人をもっと表に出したかったからだ。

「自分らしさを活かせない環境が嫌だったんです。若い人が、パナソニックに興味を持ってくれるようになるには、従業員の能力を120％活かせないとダメだと思っていました。そのためには、個人でしっかり情報を発信したり、影響力を持つことを認めなければならない。それなのに、どうしても大企業は縛るような傾向にある」

ベンチャーの働き方に憧れる若者は少なくないが、実際には、大企業とてベンチャーっぽい働き方をしている人もいるのだ。それを発信できないもったいなさを、橘はずっと感じていたという。

「従業員は社会からの預かりものだ、という考え方があります。どこにいたって、その人は社会の資産なんです。パナソニックグループで働くことが、その人のパフォーマンスを最大化できるなら、社会からお預かりする必然性があると思うんです」

自分たちは、本当に社会から優秀な人たちを預かる立場にあるのか。受け入れて成長してもらえるだけの環境を整えられているのか。それを自分に問うたという。そんなことは自問せず、さっさと他の会社に転職してしまう人も多い世代でありながら、である。

「でも、なんだかんだ、私の面倒くさいところもちゃんと評価してくれて、課長という役職もつけてくれているわけです。この面倒くささを評価する懐もあるんだな、と思うんです。おそらくベンチャーに行ったら、私は普通の人だと思います。その意味では、パナソニックグループという大企業の中でうるさいことをしていることに、自分なりの意味を持たせているところがあります」

こんなことを言っても無駄だ、そんなことをやっても無駄だ、と勝手に思い込むのではなく、までできることがあるのではないか、と考えたのだ。リスクだ、リスクだと言われても、すべてのリスクを洗い出してみればいいじゃないか、と実践したのだ。

「社員インフルエンサーの件でテレビメディアに呼んでいただいたとき、〝このまま大企業にいて、危なくないですか、危なくないですか〟と何度も問われました。でも、何が危ないのか、よくわかりませんでした。何が危ないんですか、と問うと、ここが危ないというので、それはこうしたらいいんじゃないですか、とすべて答えたら、黙られてしまいまして」

舌鋒鋭いことで有名なコメンテーターを押し黙らせてしまったという。

「テレビでは、社員インフルエンサーも〝やりがい搾取〟なんじゃないですか、とも言われました。こんなふうに従業員を出して、大企業が従業員の後ろに隠れて従業員に言わせている、みたいな。従業員の名前を利用して影響力を持とうというステルスマーケティングじゃないか、と。でも、逆にいえば、個人が会社をうまく使って活躍できる、そんな懐がある会社なんですよ、そういう大企業だってあるんですよ、と言いたいんです」

こんな思いも詰まったオウンドメディアなのだ。だから、〝社員ライター〟も本気になる。それが、ターゲットに響いていく。

パナソニックのイメージが変わった、の声

じわじわと読者を増やしてきた「ｑ＆ｄ」。大きな予算を獲得しているわけではないので、大きな広告を打ったわけではない。橘はいう。

「最初は広告を打たないとなかなかサイトに入ってきてもらえないので、必要な広告は打ちました。ソーシャルメディアやネイティブアド、バナー広告ですね。加えて、ＳＮＳでのシェアをできるだけ取るようにしています」

ライターを担当する従業員に記事を拡散してもらい、それを編集部が拡散し、関わっているスタッフも拡散する。

「やっぱりオウンドメディア上にあるだけでは、絶対に読まれないんです。ソーシャルメディアって、どれだけ広がっていくかがとにかく大事ですから。取材をする人を選定するときにも、この人に記事を拡散してもらったら読み手が関心を持ってくれるだろうな、ということを考えて選ぶこともあります。いかにタイムラインに出るかを意識して露出していますね」

今は年間で約２００万ＰＶ。パナソニック株式会社の家電部門が展開しているオウンドメディア「ＵＰ　ＬＩＦＥ」は約１０００万ＰＶある。

「まだまだ弱小メディアであることには変わりはありません。ただ、２００万ＰＶのうち、読了率が異常に高いんです。６割もある」

一方で、サイトの回遊率は低い。記事が面白くて最後まで読む人は多いが、他の記事には行っていないというのが、橘らの冷静な分析だ。

「ですから、メディアのファンというよりも、個々の記事を面白いと思ってくれている人が多いという考察をしています」

オウンドメディアとしての認知調査も行っている。想定通りだったというが、まだ知らない人がほとんど。ただ、見てもらうと面白い結果が出た。

「サイトを見たあとに、パナソニックのイメージが変わりましたか、と問うと、変わったという意見が多いんです。というより、今はパナソニックに対するイメージそのものがないのかもしれません。ないから、興味もない。何か、そこに少しでも色をつけられたなら、と考えています」

デザインがかわいい、クリエイティブがいい、若い人に向いている、という声もたくさんあったという。これは、まさに狙い通りだ。

現編集長の松島は、最新のアンケートからの声を教えてくれた。

「自分の悩みと向き合うきっかけになる。自分が考えていることを考えられる。人生において重要な変化をもたらしてくれる。こんなうれしいコメントがありました。パナソニックに対する印象変化では、古くさいイメージが払拭された、新しいことをやっている会社だと改めて理解した、といった声をいただいています」

家電のイメージがやはり強い中、松島としては、暮らし全般を良くしていきたいというパナソニックグループの姿勢を伝えていきたいと語る。まさに「幸せの、チカラに。」というメッセージの具現化だ。取材時点で50本以上の記事が出ていたが、パナソニックグループならではの強みを改めて打ち出したいと語る。

「大きな会社で人の姿があまりイメージできないという声もあるので、従業員がさらに自分の視点を出せるような取り組みを考えています。例えば、社内の計算材料研究者がSF作家にインタビューした記事もその一つですね。専門性を持つ従業員の考えの深さをより活かして、メディアの価値を高めていきたい」

そしてもう一つが、若年層との共創を加速させること。イベントや座談会など、若年層を実際に招いた形での対話を増やしていくという。そのための若年層の徹底分析に取り組んでいる。

「もっとちゃんと確かめたいですね。若年層もいろんな人がいるので、決めつけをせずに、いろんな意見を聞いていきたい」

今後は、この編集方針を別のプラットフォームで表現していくことも検討している。新しい取り組みによって、パナソニックグループが若年層にどう受け止められるようになるか、楽しみである。

オリジナル楽曲制作を通じてのコミュニケーション「ロードスター」

若年層へのアプローチとしてはもう一つ、極めて興味深い取り組みが行われていた。先に少し触れているが、パナソニックでオリジナルの楽曲を作り、複数の従業員自らが歌い、それを映像にしてYouTubeやスポティファイ（Spotify）で配信したのだ。

このプロジェクトを取りまとめたのが、先にも「q&d」についてコメントをくれた、クリエイティブ推進室の田中麻理恵である。

「若年層とのコミュニケーションに課題があって、対話を通じてブランドの理念を伝えたいという目的でオウンドメディアを運営し、ある程度深いエンゲージメントを得ることができてきました。ですが、やはりリーチする範囲が限られていたんです」

リーチ拡大に向け、もっと多様なレイヤーで多様なアウトプットがほしいと検討した。その中で、上がってきたアイデアが音楽というジャンルだった。

「若年層が親しみやすく、かつ興味を喚起しやすいのが音楽でした。中高大学生の興味・関心のトップに音楽がくる、という研究結果も出ていたんです。では、音楽をやってみようか、となって、オリジナル楽曲制作につながりました」

もう一つ、音楽を選んだ理由は、「q&d」を展開してきた田中らが感じていた若年層の情報感受の特徴があった。

「企業発の情報発信に対して、極めて懐疑的だということです。すべてはパフォーマンスでしょ、と見ている人すらいたことも背景としてあります」

さらに、社内のインナーコミュニケーションの課題もあった。事業会社化でグループ再編が行われ、事業会社ごとにスローガンが作られ、それぞれのブランドコミュニケーションが始まるなど、一体感の醸成がグループ全体としては困難になっていたのだ。

「そこで、『幸せの、チカラに。』というグループのブランドスローガンを制定して一体感を醸成しようとしているわけですが、歌はもともと国歌や社歌のように一体感の醸成に効果的な手段として使われてきました。また、全社からオーディションで参加する社員を集めたりして、制作プロセスにいろいろなグループ会社の従業員が主体的に参加することで、ブランドスローガンの自分ごと化を促進していくことができるのではないかと考えました」

外向けの施策であるだけでなく、インターナル施策としても、音楽は有効だと気づいたのだ。

「そしてもう一つ、このプロジェクトが実現した背景には、パナソニックグループの人材と組織風土の特徴として、松下幸之助という創業者や経営理念への共感性がとても高いことが挙げられます。本業に限らず、自分の特技を活かして社会に役立つ機会をとても前向きに積極的に捉えて参加してくれる多様な人材、それを応援してくれる組織風土があったというのも大きいと思います」

これらをすべて、オリジナル楽曲制作に詰め込んだのが、「ロードスター」プロジェクトだった。

プロジェクトの特徴は大きく分けて三つ。一つは、若年層に話しかけて信頼してもらうところから始めたこと。そうやって若年層の思いを汲んだ歌詞を作っていったのだ。

「パナソニックって聞いたことはあるけど、イメージがないという状況で、まずは信頼してもらうところから始めなければという思いがありました。そこで、これは『q&d』の編集方針とも重なっているんですが、実際に働いている従業員が若い人に話を聞きにいくところから始める、ということを決めました」

そして二つ目が、実際にいろいろなグループ会社で働いている従業員が、顔と名前を出して企画に参加したり、実際に歌ったりするということ。これが、プロではないか、とも思えるほどのクオリティに仕上げられている。

さらに三つ目は、発信だ。

「SNS広告をバンバン打って露出増を図るというよりも、Z世代オーディエンスが多くて、かつ普段は当社がなかなか露出していけないメディアをイメージしました。歌だからこそ、歌で表現したからこそリーチできるメディアです」

しかも企画意図をしっかり語ることができ、若年層から信頼をもらえるメディアということで、「ＣＩＮＲＡ」や「ＮＥＵＴ」などの取材を受けた。

「それから、今の若年層にはラジオを聴いている人も多いので、スポティファイによるポッドキャスト展開で、歌ってもらった従業員にインタビューするなど、いろんなレイヤーの情報発信をしました」

若者たちに直接、話を聞きに行ったからこそ

「ロードスター」は、従業員が若者たちに幸せや悩みについて聞き、その対話内容を咀嚼して歌詞ができている。その点は、制作を取りまとめた田中が最もこだわったところだ。

「若い人の声を歌詞にしたいなら若い人に歌詞を作ってもらったらいい、というのも十分ありえるんです。でも、書いてもらっただけで理解ができるのかといえば、そうではないと思っていました。なので、一度、思いを受け取った従業員が、自分の言葉として咀嚼して歌詞化するというところに意味を見出しています」

そこに一段進んだ対話があると考えたのだ。ここでも、対話から始まっているのである。こうして書かれた歌詞を通して若年層と向き合い、従業員が自分の歌で表現したのだ。

「だから、レコーディングのときも、ここはもうちょっと複雑な気持ちを表したいよね、とい

った細かな表現が突き詰められました。プロ仕様でレコーディングをさせてもらいましたが、真剣に向き合って対話を深めるという、音楽を使った特別な効果がここにあったと考えています」

実際、インタビューをした中高生に、後に会う機会があったという。

「どうだったか、と聞いてみたら、インタビューで話を聞いてもらえること自体がすごくうれしかったと言われました。大人は自分たちとは関係ないと思っているのかもしれませんが、向こうからやってきて、〝最近、何に悩んでる？〟と聞いてくれる機会がとても新鮮だったようです。対話というのが、彼らにとっても意味のあるものだったのかな、と思っています」

田中は若者へのインタビューにすべて同席した。信頼関係を築こうと思ったら、すべてにおいてリアルでないといけない、と改めて感じたという。

「例えば、広告代理店に頼んで連れてきてもらったアーティストの人に、歌詞や曲を書いてもらっても、クオリティの高いものができたのかもしれません。でも、そういうのは、すぐに見破られると改めて思いました。私自身も、いろいろなコミュニケーションを見ていて、ははあ、これは代理店が持ってきたアイデアだな、と思うときがあるんですね。だから、改めてリアルさがとても大事だと思いました」

お金をかけてのリーチで接触を拡大する方法もあった。たしかに見る人は増えるかもしれな

ロードスター　**（英表記：Lodestar）**

作詞 田中麻理恵

ひとり帰る道 頭は置き去り
僕が間違ってたのかな うまく言えなかったのかな
ぐるぐる回り続けてるけど 今日も また 何も変わらない
そんな自分を 自分に隠さなくていいんだよ
今は見えなくても 道しるべ は きっと そばにあるから

You're gonna be alright ひとりじゃないよ 目を開けて ほら 思い出して
小さなことで笑える この瞬間を いつも忘れないで

誰かがあなた を笑顔にするとき
あなたも誰かのチカラになるから

夢がなくて焦って 見つけるとその距離に不安で
選ばなかった道がキラキラ 真っ暗な迷路に光る
進んでるのか 戻ってきたのか どうしてみんなもうあんなところにいるの
もがいた時間の先を 信じてみよう

You're gonna be alright そばにいるから 息を吸って さあ 顔を上げて
小さなことで笑える この瞬間を いつも忘れないで

誰かがあなた を笑顔にするとき
あなたも誰かのチカラになるから

い。しかし、それによってネガティブな印象を持たれたり、大企業が何か大がかりなことをやっていると見られたりすることは、むしろ逆効果だと感じていた。

「だから、とにかく真摯な態度でリアルに向き合うことをコアにしました。取材をさせてもらった若い人が、最終的には音楽になる、というところまで理解していたかどうかはわかりませんが、お悩み相談みたいな形でたくさん話をしてくれて、興味深かったですね。〝今、文化祭の準備してるんですけど、それでクラスでもめてて〟とか。クラスでもめると何がしんどいのかを聞いて、それも歌詞になったりしました」

若年層に対する田中の印象は、優しさだったという。

「すごく気を遣うんだな、と思いました。今はSNSでちょっとでも何か言うと炎上したり、さらされたりする。だから、こういうことを言うとこう思われるかもしれない、という想像力がすごいんじゃないかと思いました。これは世代によるものなのかな、と」

コミュニケーションがすぐに可視化されてしまうリスクは、たしかに今はあるのかもしれない。

「〝悩みを誰かに話したり、相談したりはしないの？〟と聞くと、〝いや、相談された相手が困るかもしれないから〟〝何かいいことを言ってあげないと、と思ってしまうかもしれないから〟と返ってきます。だから、相談することはないそうなんです」

驚きの一方で、昔ながらの悩みもあった。変わったことと、変わっていないこと。その両面があったことが印象に残ったという。

〝おらが村のあの子〟が、グループ全体の企画で歌う

ムービーをＹｏｕＴｕｂｅで見ることができるが、このプロジェクトでもまた、従業員が実名、社名つきで登場している。田中がクリエイティブ面を走らせつつ、橘が裏側で調整をしていった。

歌い手をグループから募るオーディションは、社内のイントラネットを使った。人事部門はとても協力的だったと橘は振り返る。

「こんな企画をやるので応募してもらえるようにしたい、と伝えると、楽しそうだね、と。オーディションには73人の応募がありました」

ここからメインボーカル６名、コーラス４名がオーディションで選ばれることになるが、その後が大変だったらしい。先述の「ｑ＆ｄ」立ち上げの際のリスク60項目ではないが、細かな調整が必要になったからだ。田中はいう。

「レコーディングは勤務扱いになるのか。シンガーの旅費負担はどうするのか。ものすごく小

さなことを一つひとつクリアしていく必要がありました。大きな予算を投じたものではありませんでしたので。ずっと音楽をやってきた自分としては、歌作りが最もしんどくなるだろうと思って始めたプロジェクトでしたが、実際にはここが最もしんどかった。今ではいい思い出になっていますけど」

だが、社内は大きな盛り上がりを見せたらしい。実際のレコーディングでは、各事業会社の営業部門、製造部門、研究開発部門、スタッフ部門などさまざまな職種の若い従業員たちが社名・部署を出して歌っていくのだ。

「こうなると、おらが村のあの子が、グループ全体の企画で歌うんだ、という感じになって、皆さんが応援くださって。全国の事業所から参加してもらった効果が大きかったですね」

そして、楽曲という特性を活かした発信を展開した。ＹｏｕＴｕｂｅに加え、ＴｉｋＴｏｋでも発信。

「パナソニックグループとしては初めてアカウントを取りました。せっかく楽曲ができたので、もうちょっとライトに接してもらうという意味でもダンスチャレンジをしたり、社員が歌ったり踊ったりしている動画も投稿しました」

さらに楽曲だからこそリーチできるスポティファイにも展開。

「メーカーがスポティファイに自分たちが作った音楽を載せるというのは、おそらくなかったと思います。ストリーミングサービスでもアカウントを取りました」

「q＆d」でも記事を展開し、音楽評論家と対談する記事を作成。評論家がシェアすることで、新たな流入も得た。

配信後の社内も、グループCEOの楠見はじめ、経営トップが「これはいい」と反応し、自然発生的に社内拡散が起こっていったという。

「楽曲をフックにしてブランドスローガンの社内浸透を図ろうと、レコーディングメンバーが経営理念について語る記事にも広がっていったりしました」

さらに、楽曲やプロジェクトに共感した社内外の若い人たちが、楽曲に自分らしいアレンジを加えてTikTokなどで投稿するようになった。

「一往復対話して曲ができました、だけではなく、それをさらに受け取った側がもう一度、自分の中で咀嚼して表現し直してくれるというのは、ものすごく深い対話でした。これが、このプロジェクトの一番のポイントになったと思います」

若い人たちのダンスチャレンジ、中高生の合唱部での合唱版、さらに思わぬものもあった。

「手話インフルエンサーさんからアプローチをくださって、手話版を作ってTikTokに投稿していいですか、と言ってくださって。これはうれしかったですね。また、普通に歌うんじゃなくてパンクロックバージョンを作ってくれたり、オフィスの環境音でやりたいですとアンビエントバージョンを作ってくれたり。そういう広がりがすごく特徴的で、レイヤーがものすごく多様な対話や、コミュニケーションができたと感じました」

これまでとは明らかに違う層に、新しいアプローチができたのだ。

本当に心を込めたものしか広がらないのではないか

その驚きのクオリティについては、ぜひYou Tubeで検索して見てみていただきたいが、ここも田中のこだわったところだった。

「やっぱり曲として良くないと、パナソニックが若い人と対話して作ったというその意義だけに甘えたら、聞いてくれる人が少ないと思ったんです。出てきたものがすごくいい歌で、すごく上手で、普通に聞けるから、それが広がる可能性があるんじゃないかと思ったので、オーディションでもガチで審査をしました。私自身に音楽のバックグラウンドがあったので、ものすごくシビアに練習もレッスンして、レコーディングに臨んでいきました」

パナソニックが楽曲で若年層にアプローチした「ロードスター」は、もちろんニュースになった。

「若年層ブランディングの文脈からお話を聞かせてほしい、といった感じでメディアからの取材も受けましたね」

従業員が歌う、という企画は過去にもあったが、歌詞も含めて自分たちで作る、しかも若者たちと信頼関係を築くための対話から始まったというのは、珍しいコンセプトだろう。

「これも『q&d』の編集方針とすごく似通っていて、そこに私がすごく共感しているということもあるんです」

プロジェクトは最初から細かく設計されたものではなかったらしい。中高生にインタビューをして歌を作り、社員が歌う、くらいのアイデアだった。

「でも、例えばこういう課題も紐づくよね、こうやって広げるとこういうふうに使えるよね、と先輩、さらには後輩も含めて、いろんな人のアイデアを肉付けしていって、細かな設計になっていったんです」

2023年の夏時点で、2022年11月の公開から9カ月でYouTubeでは4・8万回、再生されている。練習風景など、裏側を見せているのが、また好感度を上げている。そして、こうして作り上げられたものは、いつしかパナソニックらしくなっていた。

「いくつか感想をいただきましたが、やっぱりパナソニックのカラーが出ているね、と言われました。まったくそんなことを気にして作っていなかったんですが。もっというと、私が仮歌を作っていたものと、最終でレコーディングしたもので雰囲気がちょっと違っていて。優しさ感が濃くなって、意図せずパナソニック感が強くなったようなんです。もう一つ、感想としてもらってうれしかったのが、見ている人が関わっている人のことを好きになる映像だね、と。ここは、パナソニックの人の良さみたいなものを感じてもらえているのかな、と思いました」

お金がかかっていない、というところにもポイントがあったと橘は語る。

「予算が下りてこなかったというよりも、もう、かければ良いというものではなくなっていると思っているんです。本当に心を込めたものしか広がらない、ということなんじゃないかと。私たちなりに、若い人に徹底的に向き合った一つのアウトプットだったんです」

そして流れたのは、メディアだけではなかった。ミュージックビデオと音源が、社内ライブラリーでダウンロードできるようになっているというが、業績報告会のような事業部門ごとのタウンホールミーティングで使われていたり、ショールームで流されたりしているという。田中はいう。

「(2023年)4月の年度初めのミーティングで使わせてください、という駆け込みがたくさんありましたね。グループ全社の新入社員が集まる研修でも使われました」

ミュージックビデオには、名前と合わせて事業会社などの社名も出てくる。グループの一体感を醸成するにも、ぴったりのものになった。

「理解、さらには共感し合って、こうしたUGC(User Generated Content:ユーザー生成コンテンツ）が生まれてきているので、もっと増やせないかな、と考えています。製薬メーカーの人気ドリンクのような位置づけで、若年層に対して、このプロジェクトを展開できないか、という思いもあるんです」

若年層と従業員で相互に対話しながら何かを作るというモデルが一つできた。これが音楽ではなく、例えばストリートアートなどに展開することができれば、音楽でもリーチできなかった層にリーチできる。可能性はまた膨らむ。

「幸せの、チカラに。」は社員の心も動かしている

ユニークなオウンドメディア、さらにはオリジナル楽曲によるアプローチは若年層向けの取り組みは、社内にも大きなインパクトをもたらしたようである。プロジェクトに加わっていた「q&d」編集長の松島はいう。

「社内でも、いい取り組みだね、応援したい、と言ってもらっています。こういうちょっと新しい取り組みが社内にあることで、従業員にとって会社に対する印象が変わっていくのだと思っています。若年層に対する課題は社外にもあるわけですが、社内にもあるんです。若年層がもっとこの会社で頑張ろうと思ってくれるようなきっかけになったら、と考えています」

また自身、楽曲「ロードスター」で歌う社員のオーディションにも立ち会って、大きな刺激をもらったと語る。

「若い人がたくさん手を挙げてくれて、私も元気をもらえました。人事の人たちからも、すごいですね、感動しました、といった共感の声をもらって。今後も従業員を巻き込んでいく取り組みに力を入れていきたいと、改めて思いました」

オーディションにあたっては、人事部門からは各事業部に「ぜひ参加しましょう」というメッセージがあったと田中は語る。

「当時は運動会のようなインナーコミュニケーションも、コロナでできていませんでしたから。でも、なんといっても、歌のオーディションの募集。相当インパクトはあったようです」

そして社内メディア上でのオーディション投稿欄には、グループＣＥＯの楠見からも「いいね！」がついた。幹部から「若年層コミュニケーションって、こういうことだよね」というコメントももらえたという。橘は語る。

「こういうことを受け止めてくれる懐の深さが、この会社にはやっぱりあるんだな、と。私自身も逆に会社を見直しました。事業会社制になって、それぞれのビジネスや経営を見る会社の目線は厳しくなっていると思いますが、その上でグループとしての幸せの総量のようなものを上げていくことに対して、柔軟に受け止めてもらえたことには、ホッとしました」

そして、個人の発信という点でも改めてポテンシャルを提示できた。

「仕事を通じて幸せのチカラになろうとしているけれど、自分らしさはそれだけではない。歌を歌って幸せのチカラになることもできるかもしれないし、文章を通じてなることもできるかもしれない。いろんなタッチポイントがやっぱりあるんだと思うんです」

ブランドスローガン「幸せの、チカラに。」は個人個人のものでもあるのだ。

「私は、仕事というのは誰かの役に立つことだと思っているんです。だから、頑張れば頑張るほど誰かの役に立てて、誰かを幸せにできる。そんな価値観でこれまで仕事をしてきました。幸せのチカラになるというのは、会社のスローガンであると同時に、自分が仕事をする理由なんです」

誰かの役に立つこと、誰かを幸せにすること。それは、どんな会社でも、どんな仕事でも同じであろう。だが、それを会社のスローガンとして掲げてくれたことには大きな意味を感じているという。田中はこう語る。

「もともと物心一如の繁栄という理念には、とても共感していました。モノは十分にそろっている社会ですが、全員がハッピーになっていないのはどうしてなのか。それを追い求めていく当社の姿勢が、そのまま自分の考え方の指針になっています」

パナソニックはモノを作る製造業だが、その先へ行こうとしている、ということだ。

「私自身、ずっと音楽しかやっていなかった人なのに、メーカーに採ってもらった。自分だからできる貢献ってなんだろうとずっと考えてきて、今回『ロードスター』というチャンスをもらえて」

自分ができることで、新しいステージに向かう会社に貢献できた。この先の社会に少しでもいい影響を与えることができたらうれしい、と語る。最後に松島はこう語っていた。

「どうして自分がメーカーに入ったのかというと、製品やサービスを通じて直接お客さまの力になれる、生活に寄り添っていける、というところが大きかったんです。物と心が共に豊かになるという状態は、今の社会では難しいと感じている人が多い。私たちメーカー自身も、それに対する正しい答えを見つけ切れていません。でも、だからこそ一緒に考えながら、少しでも理想に近づくことができたら、と考えているんです」

ブランドスローガン「幸せの、チカラに。」は、社員の心も動かしていた。実現することは簡単なことではない。しかし、だから挑む意味があるのだ。

第5章

最も重要と幸之助も語った「インターナル ブランディング」はいかに変わったか

幸之助も重視していた「インターナルコミュニケーション」

ブランディングというと、対外的な情報発信をイメージしてしまうが、一方で社内向けの情報発信も極めて重要になる。それがよくわかっていたのが、創業者の松下幸之助だった。

パナソニックグループで、社内報制作などのインターナルコミュニケーションを手がけているパナソニック オペレーショナルエクセレンス コーポレート広報センター 広報企画室　ダイレクトコミュニケーション課課長の米澤康浩はいう。

「弊社の社内広報はとても長い歴史があります。1918年に創業しましたが、1927年に『歩一会会誌』という冊子型の社内報がスタートしています。創業者の松下幸之助が作ったものです」

1934年には、イントラネットの前身ともいうべき「所内新聞」が発刊。会社の規模が大きくなっていく中で、会社の姿をしっかり従業員に知らしめるべきだという幸之助の思いがあってスタートしたという。

「幸之助は社内報の発行の意義を文書にまとめています。これは当時の広報編集部の時代から、ずっと今に至るまで引き継がれています。私は2年前に配属になりましたが、配属当日に、〝これをちゃんと読んでおいてください〟と部下に言われました。我々としては、95年の歴史をしっかり引き継いで仕事をしていかなければならないと考えています」

これは、パナソニックミュージアムで取材をしたとき、現物を見せてもらったのだが、幸之助は毎月、給料袋にメッセージをしたため、従業員に渡していた。会社の状況、事業への思い、従業員への励ましなどだ。銀行振り込みになった後も、歴代社長からのメッセージが明細に書かれていた。それほどまでに、従業員への情報伝達を幸之助は重視していたのだ（ちなみにこの毎月のトップメッセージは20年ほど前に社長の従業員向けブログに変わっている）。

そしてパナソニックは２０２２年の新体制の事業会社化以降、インターナルコミュニケーションの重要性がより大きくなったと米澤は語る。

「グループの体制が大きく変わったことで、インターナルコミュニケーションのあり方も大きく見直さなければならないという危機感がありました。それぞれの事業会社も自主責任経営を行いますから、ともすればグループとしての一体感や連帯感、情報共有が二律背反的になりかねない。そこで、グループとしてのインターナルコミュニケーションの役割がますます重要になると思いました」

米澤が率いるダイレクトコミュニケーション課では、従業員および顧客にダイレクトにコンテンツを提供している。ミッションは三つある。一つは、グループ全体に対して重要情報をいかに伝達するか、だ。

「楠見が経営の方向性を示したときに、それに対して従業員がしっかり理解し、共感し、自らの行動に生かしていくことが必要になります」

そしてもう一つが、グループ全従業員のエンカレッジメント。激励だ。

「一人ひとりがやる気を持って自らを変えていく。その結果として行動を変えていく。それを促進することがインターナルコミュニケーションの要諦だと考えています」

そして三つ目。グループＣＥＯの楠見が「経営基本方針」の浸透を図っていることは先に書いたが、そのサポートを強く意識しているという。

「経営基本方針の中に社員稼業という言葉があります。一人ひとりが経営者、創業者のつもりになって自らの仕事に向き合う。そんな姿勢を後ろから支えられるように取り組んでいくことも、我々のミッションと考えています」

パナソニックの従業員は、約23万人。さまざまな事業があり、さまざまな職種に従事している従業員がいる。それぞれ働き方も事業への向き合い方も異なる。だからこそ、難しさがあると語る。

「画一的に情報を広げようとするだけでは、今の時代、限界があります。森井が言っていたＣキューブ、コンテンツ、コンテクスト、コンタクトの三つを最適化していく取り組みが重要になります」

冊子の社内報を廃止したら、イントラメディアすら読まれなくなった

ダイレクトコミュニケーション課で手がけているメディアは、イントラメディア三つ、アナログ系メディア、さらには対外オウンド広報メディアだ。

事業会社制のスタートで大幅改訂したのが、全社イントラのハブ「Panasonic Group Intraweb Site」（ＰＩＷ）だという。いわゆる社内ポータルサイトである。

「グループの最新の重要ニュースがあったり、全社通達や公式メッセージがあったり、グループＣＥＯ、会長のブログがあったり、経営基本方針にすぐに触れられるようにしていたり、社内報の記事も読めるようになっています」

これはグループ全体の社内ポータルサイトだが、一方でそれぞれの事業会社にも立派な社内ポータルサイトがある。事業会社は自分たちなりに、事業会社内のインターナルコミュニケーションに懸命に取り組んでいる。

「ですから、最新の記事データ連携を行って、ＰＩＷに誘導するなどの取り組みをしています」

また、課のメンバーの発案だという社員参加型コミュニティの場「ＰＨＯＴＯ ＰＬＵＳ」も展開している。

「社内広報は、我々が編集部となって、従業員に発信していますが、それだけだとどうしても一方向になります。そこで、従業員に発信をしてもらうことも大事だろう、ということで始め

た取り組みです。実際に記事を書くとなるとスキルが必要になりますが、写真を投稿してもらうことで編集に参加してもらえるコーナーです」

仕事からプライベートまで、さまざまな写真がアップされている。ＰＩＷの目立つところにリンクボタンがあるが、社員からも好評だという。

だが、イントラメディアはどちらかというと、従業員として知るべき情報、理解すべき情報が詰まったガバナンスコンテンツとしての意味合いが大きい。インターナルブランディングとして重要になるのは、やはりブランディングコンテンツである冊子の「社内報」だという。

２０１２年にパナソニックが大きな赤字を出したとき、冊子の社内報は一時、廃止されていた。

「経費の問題もありますし、デジタル時代に合っていない、という声もあったようです」

しかし、冊子の社内報を廃止すると、とんでもないことが起きた。イントラさえも見られなくなってしまったのだ。

「社内広報というものを通じて情報を得るというマインドセットがグーッと下がってしまったんだと思います。自分の目の前に会社の情報が来る、というのはプッシュ媒体として大事だったということを当時の担当者が改めて痛感し、２年後に復刊したんです」

いろいろな意見はあったものの、冊子の社内報の有効性がはっきりしたのだ。そして事業会

ダイレクトコミュニケーション(DC)課の持つメディア

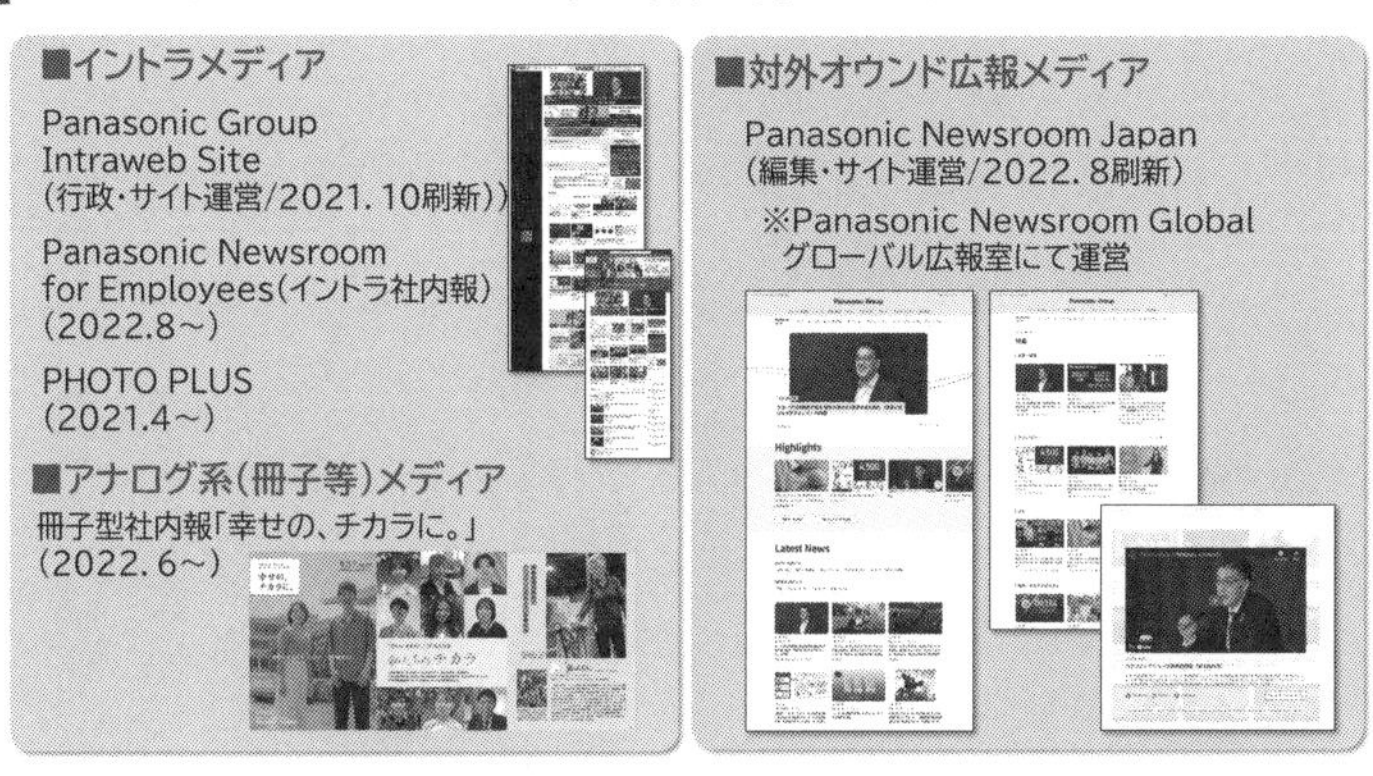

インターナルコミュニケーションを支える3つの柱は、
イントラメディア、社内報などのアナログ系メディア、対外オウンド広報メディア。

社化という新しい体制になり、ブランドスローガンも新しく打ち出される中、社内報は再定義されることになった。大きくリニューアルされたのだ。

コミュニケーションマガジン「幸せの、チカラに。」誕生

新体制になるまで、社内報としては季刊誌「Panasonic Headlines QUARTERLY」が発行されていた。これが２０２２年６月、新たに雑誌型の社内報としてパナソニックグループのコミュニケーションマガジンになった。名称は、「幸せの、チカラに。」。

「パナソニックグループのブランドスローガンを冠した媒体となりました。文字通り、ブ

ランドスローガンを実践するための一冊になったということです」

冊子のサイズも旧来のA4判からB5判に。ここには大きな狙いがあった。

「仕事時間外でも読んでもらうことを想定したんです。イントラであれば、会社で仕事をしている間しか見ることはできません。しかし、冊子であれば、家に持って帰って読むことができる。在宅勤務でのオフタイムにも読める」

小さなサイズで軽いものなら、持ち運びもより簡単になる、というわけである。

「せっかくなら、家族にも読んでほしい。そこで、家族でも楽しめるコンテンツも入れています」

中身も一新された。強く意識したのは、メインのターゲットだ。

「広く従業員向けなんですが、特に事業の現場で働いている人をメインのターゲットに据えました。製造現場では、パソコンを通じて情報を見ることが難しい従業員も少なくありません。そこに紙媒体の冊子を配ることで、情報が隅々まで行き渡ることが可能になると考えました」

すでに5号発刊されている実物を見せてもらった。ページ数は二十数ページ。印象的だったのは、グループCEOの楠見が冒頭で登場していたことだ。

「トランスフォーメーション、安全、環境など巻頭の特集コンテンツは毎回、変わるんですが、それを従業員にわかりやすくかみ砕いて説明していくことに加えて、必ずトップの楠見に出てもらうことを考えています。そのテーマについてのトップの思いをしっかり伝えたいということです」

一方、現場の人に読んでほしい、というだけに、現場で頑張っている人にスポットを当てたコンテンツが必ず入っている。人物紹介、仕事紹介などが、大きく写真入りで行われている。「また、現場で働く従業員は、取引先など社外に触れる機会が少なかったりもします。そこで、他社の方に応援メッセージをいただくコーナーも作っています」

顧客もあれば、ビジネスパートナー、社外のアドバイザーのような人もいる。

そしてパラパラとめくっていると、大きく目に飛び込んできたのが、中ほどにあるグラフィックレポート。手書き文字やイラストを使って、見開きで解説が行われているページだ。「大切な内容をよりわかりやすく」というショルダーコピーがついているが、グループ経営方針などがポイント立ててわかりやすく解説されている。これなら、すんなりと内容が理解しやすい。「経営基本方針を理解してもらうことは、社内報の大きな役割の一つです。経営基本方針に関する常設テーマを一つ置き、かみ砕いて解説するようにしています」

後半には、ブランドをテーマにした対談記事、スポーツやアスリートに関する情報も掲載。そして最終ページには、楠見の思いで始まった「歴史　もの　がたり」と題する、歴史資料にまつわる創業者の思いやエピソード、製品が紹介される記事も。先に紹介した「ナショナルランプ」も写真入りで掲載されている。

「創業者や歴史を知ってもらうことで、会社についての理解を深めてもらう。それが、会社への思い入れにもつながると考えています」

現場に寄り添うコンテンツを意識する

編集にあたって意識しているのは、読者に寄り添った発信だと米澤は語る。

「情報に対する触れ方は、幹部層であるとか、働き方によっても、管理職系なのか現場なのか、営業現場なのか生産現場なのか、従業員のレイヤーに沿って違うんですね。本社系なのか事業系なのか、でも違いますし、国内か海外か、でも違う」

もとより管理者は情報に敏感だ。また、事業会社の従業員は事業会社のトップの発信のほうに耳が傾くという。

「そうなったとき、グループとしてどうあるべきか。また、生産現場や海外の従業員には、相当に知恵を絞らないと届かない。そこにどうやって届けていくのかが問われました」

グループCEOの楠見は、事業会社訪問をしたときに大きなショックを受けたことがあったという。

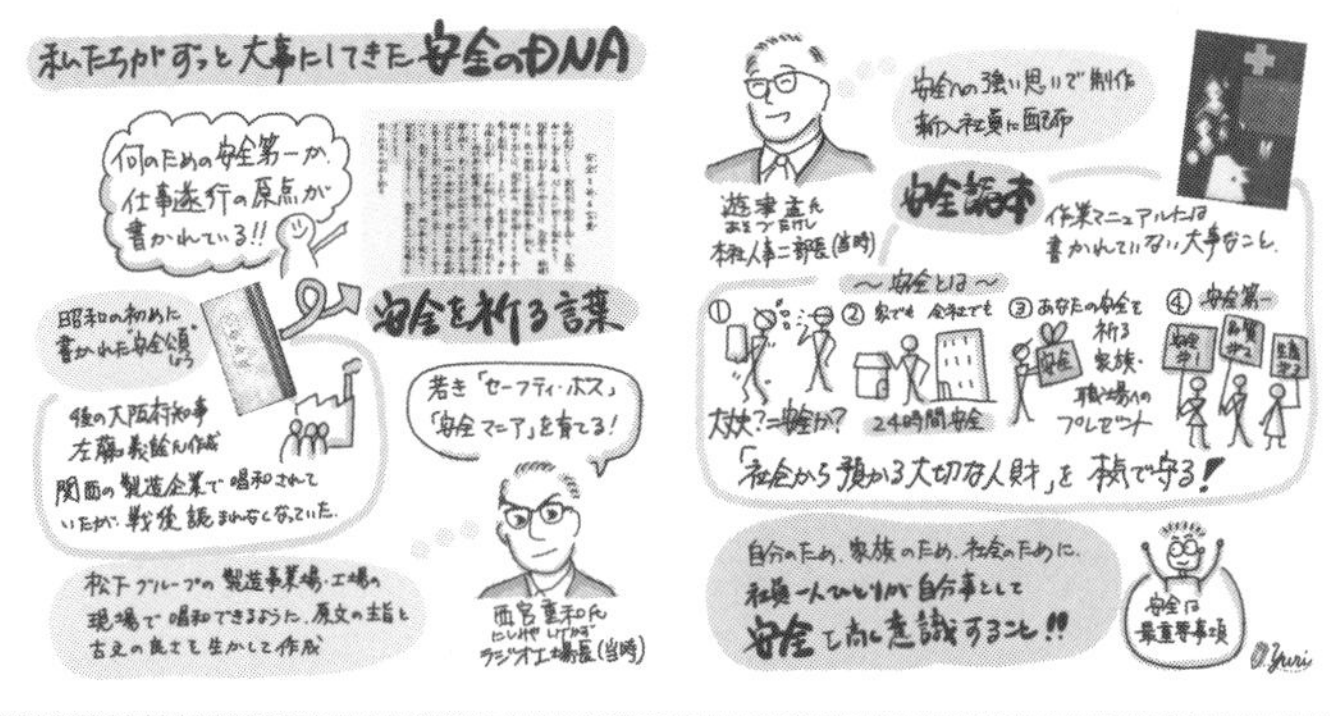

経営基本方針 実践の心 Vol. 2

社内報「幸せの、チカラに。」グループの経営方針などが
イラストや手書き文字でわかりやすく解説されている。

「ずっとラインで働いていた従業員が管理職の立場になった。そのとき、イントラを通じてこんなに情報が入ってきていたのか、と初めて知ったと言われたそうなんです。現場にいるときには、ぜんぜん知らなかった、と」

こういう課題をどうにかできないか、という楠見の危機感が、リニューアルの背景にはあった。

「そういう観点で従業員の働き方を分析してみて、どんなときにどのメディアに触れているのかを調べたんです。それまでは、どちらかというと〝イントラや冊子に載せていたらみんな読むだろう〟という恥ずかしながら、そういう発想がどうしてもあったんですが、そこを一から見直してみよう、と。それで、アプローチを変えるトライをしているんです」

ＩＴ環境がしっかり整っている部署では、社内ポータルを通じて情報発信をしたときに見てもらうことができる。では、現場はどうなのか。

「工場で働いている人が、イントラの情報に触れることは簡単ではない。では、工場で働く人が、どんな状況だと情報に触れられるのか。また、どんなものなら手に取ってもらえるのか。読み進めてもらえるのか。それを一生懸命、考えて、冊子というもののアプローチを変えてみたのが、今回のリニューアルなんです」

以前の媒体からの主な変化点を表に掲げたが、構成や人へのフォーカスを再考したほか、配布先も見直した。

「現場に寄り添うようなコンテンツ、家族と読めるコンテンツを意識する他、従業員へのリーチもこれまでは約7・5万人が配布対象だったんですが、できる限り多く配りたいと配布先も見直しました。また、紙はどうしても発展性が少ないんですが、ＱＲコードを使って動画などのデジタルと連携できるようにしました」

紙媒体の持っている強さをしっかり見ながら、さまざまな改善に取り組んでいくという。従業員23万人のうち、国内が10万人強。ここに紙媒体を送付し、グローバルに関してはポータルサイトに同じものをアップし、メールで送っているという。

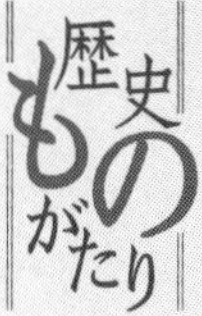

歴史資料にまつわる創業者の思いやエピソードを紹介します。

Episode 03

ナショナルランプ

1927年、松下電器は角型の乾電池式ランプを開発します。創業者は国民の必需品になるようにと願いを込め、ナショナルランプと命名。宣伝用に1万個を無償で配り、初めて新聞に広告を出すことを決めました。しかし、町工場の松下電器にとって、広告費の捻出は並大抵ではありません。やるからには最高の効果をと、三日三晩かけて自ら広告文を考案。後に「伝説の三行広告」と語り継がれる「買って安心、使って徳用、ナショナルランプ」が生まれます。その神髄は、機能ではなく価値の訴求。ランプは大ヒットし、ナショナルの名は全国に知れ渡ります。まさに松下電器の基盤をつくった商品でした。

「歴史資料にまつわる創業者の思いやエピソードを紹介します。」と記される「歴史 もの がたり」。「ナショナルランプ」を写真入りで紹介。

いかにわかりやすいものにできるか

編集にあたってもう一つ、意識しているのが、タイミングだ。

「そのタイミングで発信する意義のようなものがあると思うんですね。すでに5冊の社内報が発刊されていますが、経営基本方針にのっとって、経営のツールとして従業員に活用してほしいという思いから、テーマ選定もそのときどきに最も伝えたいことにフォーカスしています」

創刊号は「ブランドスローガンの浸透」、それ以降は、「安全」、「改善に次ぐ改善」、「Panasonic GREEN IMPACT」、さらにパナソニック流のトランスフォーメーション「PX」となっている。

「トップの思いも含めて、パナソニックグループとして重点を置いているテーマをしっかり発信していくということです。例えばPXにしても環境にしても、とても難しい内容なんですね。ですから、従業員が〝これは何？〟と思っていることに対して、できる限りタイムリーにわかりやすくお答えできるように意識しています」

紙媒体の特性を生かして、社員が困ったときにここに立ち戻ってきてもらえるような、バイブル的な扱いのコンテンツを目指してきたという。

「もう一つ、わかりやすさという点では、見たいと思ったときに、見てパッとわかるものを私たちは重視しています。細かな文字でしっかり深掘りしていく記事もありますが、イラストでパッと見たら、概念がすぐにわかるようなものも意識しました」

これが先に紹介したグラフィックレポートだ。

他にも「かぞくで話そう」というコンテンツでは、インフォグラフィックスという手法も活用されている。

「いずれも現場の従業員がパッと見て、すぐにわかるように、と意識したんですが、実は本社の管理職から〝これはわかりやすい〟と言ってもらえたり、〝現場からわかりやすかったと言われた〟と上位層へのシャワー効果のようなものもあったのは、うれしいことでした」

一方で深く理解してほしいコンテンツはしっかり書き込み、イントラ内にある、さらに深掘りしたコンテンツに誘導するような形をとっているという。

そして大事にしているのが、従業員を主語にしていく意識だ。

「会社の意志として、こうしなければならない、こうしたいという発信をしていくことも大事ですが、社員から共感をもらい、行動変容を促すには、そうしたガバナンス的なアプローチだけでなく、個人を主語にしたほうが効果を生むと考えています」

あなたの隣の人がこんなことに今、頑張っている、と見せたほうが、はるかに共感を得られるというのだ。

「これは多くの会社でそうだと思いますが、人にフォーカスしたコンテンツを強く意識しています」

写真がとても多いのも特徴的だと感じたが、『表情写真館』現場のチカラ」と題された見開きのページには、社員が真剣に仕事をしている姿が大きくアップで掲載されている。

「イキイキとした表情を紹介したい、というページです。ブランドスローガンの〝チカラ〟という言葉を使っていますが、パーパスの実現に向けて、あるいは経営基本方針の実践という切り口で頑張っている社員を紹介しています」

願わくば、自分もこんなふうに頑張ろう、と従業員一人ひとりに思ってもらいたいと考えて作られているページだ。

「家族が見ることを想定していたんですが、〝うちの夫がこんな仕事をしているのを初めて知った〟という奥さまからの声を実際にいただいたりしました」

パナソニックは、さまざまな事業を展開しているので、自分の家族がどんな役割を果たしているのか、見えづらい。家族とのコミュニケーションツールにもなっている。

短縮動画よりも、長いバージョンの方がよく見られた

リニューアル後に、どんな変化があったのか。かつては社内報のあり方についてアンケートを取っていたのは年1回だったそうだが、今は毎号、取っている。実際に取材に行き、記事も

書いている同ダイレクトコミュニケーション課　社内広報総括の仲西広祐が、アンケート結果について語る。

「経営課題が複雑化していて、トランスフォーメーションや環境などのテーマも簡単な話ではありません。ですから、これは何なのかということについて、かみ砕いた解説が非常にわかりやすいという声が多いですね。また、アンケートの声で如実に出ているのが、冒頭の特集に対する評価の高さです」

会社が向かう方向性がわかったという声と合わせて、上長が何を言っているのかが理解できるようになったという声もあったという。社内報に掲載されている情報は内外含めてさまざまに発信されているが、やはり従業員に向けたコンテンツ設計をすることで、より理解は深まるということだ。

「例えば、ＩＴについても環境についても、社内の情報部門や環境部門も社内向けに発信はしているんです。でも、全員が見てくれているとは限らない。興味があるかないかにもよりますし、自分の業務との絡みがわからないということもあると思います。ですから、ちょっと遠い世界だな、と思って敬遠してしまっているわけです」

その距離を、経営トップに登場してもらったり、やさしく解説したり、社員に登場してもらったり、見やすいイラストを使ったりして埋めていくのだ。

「特にグラフィックレコーディングや動画は、一つの大きな取り組みだと感じています。若者の活字離れが言われたりするわけですが、働き盛りの世代だって時間はないわけです。パッと見て、少なくともポイントだけはおさえることができる。そういうコンテンツは、やっぱり優しいと思います。また、ＹｏｕＴｕｂｅなどが普及していますから、動画は当たり前のようになってきていますね」

動画を見ていると「仕事をサボっているのではないか」などと思われた時代もあったが、その壁はどんどんなくなってきているという。

トランスフォーメーションをテーマにグループＣＥＯの楠見とグループＣＩＯの玉置が対談した記事は動画としても配信されたが、忙しい従業員用に短縮バージョンも作ったのに、長いバージョンのほうを見た従業員のほうが多かったという。米澤が語る。

「この対談は、途中から社内報の企画であることを忘れて、楠見と玉置が普通に議論したりしていて、本当に面白かったんです。やはり経営層が何をしているのか、何を思っているのかが伝わるのは大きい。その意味では、外に出しても良かったのかな、などと欲が出たりするんですが（笑）。いずれにしても、こうした動画は従業員に向けたメッセージとしては、かなりの威力があるな、と思いました」

リニューアル後の大きな変化は、当事者意識の高まりではないかと米澤はいう。

「例えば安全管理責任の話など、ともすれば現場以外では、これは自分には関係ない、と思われるものもあるわけですが、やっぱりしっかり伝えると違ってくるんです。すべての従業員が安全管理を意識したり、自分の業務に生かしていくことができれば、自分を守ることにつながる。それは、競争力の強化やお客さまの評価にもつながる。そういうことを啓発したいんです。その意義をわかって行動している人たちの姿を見せることで、理解はより深まっていくと考えています」

行動変容をしてもらうことが、最終ゴール

インターナルブランディングの最終ゴールは、行動変容をしてもらうことだと米澤はいう。それこそが、従業員に対するブランディングに他ならない、と。

「そのためには、会社のことを好きになってもらわないといけないんですよね。もっといえば、家族にも会社を好きになってもらいたいんです。家族が頑張って働いている会社は、いい会社だな、と思って職場に送り出してもらいたい。本人も家族も会社が好きになって、会社の方向性に合わせて、自分の行動を変えていく。それが、インターナルコミュニケーションの究極の目標だと思っています」

パナソニックミュージアムで見たのは、まさにそれを目指していた創業者の幸之助の姿だった。社内への情報発信に力を入れ、妻のむめのは仕事を離れてから配偶者の会も作っていた。インナーを味方にすることは、強烈な会社のブランディングになる。それが、会社の成長の原動力になっていくのだ。米澤はいう。

「だから、歴史を知ることの意味もあるんですね。幸之助がナショナルランプで当時の暮らしに幸せをもたらしたというエピソードを、若い従業員は知らなかったりもするわけです。我々の原点ともいえる幸之助創業者を理解してもらうことによって、パナソニックに誇りを持ってもらえる」

特にコロナ禍前後で、会社は大きく変わったという。かつては、幸之助が作った「綱領」「信条」「七精神」が朝会で唱和されていたのだという。今やそれはなくなっている。創業者や創業の時代に触れる機会が減っているのだ。

「それだけに、経営基本方針が何を意味しているのか、若い人たちに伝えないといけないという使命感が、私たちの世代としては強くあります」

パーパス経営がささやかれるようになり、多くの会社が理念やスローガンを作っているが、その浸透に腐心しているケースも少なくない。言葉だけを作っても、上滑りしてしまう。

「受け入れられる形というところでいえば、実践している人の姿というのが、最も刺さるんだと思っています。創業者もそうですし、いろんなテーマから、人の姿を見せていくということです」

ただし、社内の情報発信という点では、イントラネットも含めると、膨大な量のインナー情報が発信されてしまうという難しさがある。

「その意味では、紙の冊子というのは、いやがおうでも情報が絞られてしまうので、テーマが明確になるという利点があります。しかも、まとまった形で情報提供される。この点でもポジティブな声はありますね」

先にも触れたように、何か困ったら立ち戻れるようなバイブル的な存在になっているのだ。

「でも、まだまだ工夫の余地はあると思っています。特集としても取り上げた楠見の言う〝改善に次ぐ改善〟に挑まなければいけないと思っています」

ブランドスローガンを冠した社内報の挑戦は、まだまだ続く。

第6章

事業会社パナソニック「空質空調社」の新しいブランディング戦略

新体制で生まれた新しい分社「空質空調社」

２０２２年４月、パナソニックＨＤは事業会社制をスタートさせ、七つの事業会社が生まれたことはすでに記した通りである。各事業会社は自主責任経営という方針のもと、それぞれがブランド戦略も展開していくことになったが、ではパナソニックＨＤのブランド戦略とは別に、各社はどんなブランド戦略を展開しているのか。１社を取材することができた。

事業会社の中で最大規模を持ち、エレクトロニクス製品の領域を担うパナソニック株式会社だ。パナソニック株式会社は、くらしアプライアンス社、空質空調社、エレクトリックワークス社、コールドチェーンソリューションズ社、中国・北東アジア社の五つの分社により構成されている。

そのうちの空質空調社に話を聞いた。

空質空調社は、松下電器産業に由来する空調部門と、関係会社のパナソニック エコシステムズ株式会社にあった換気や空質関係の事業が統合された組織だ。これまでも同じグループ内ではあったものの、同じ組織になるのは、史上初めてだという。

エアコン、空調、換気と空気清浄機などは、そもそも同じ組織にあったほうがいいように思えるが、生い立ちも異なり、かつてはそれぞれで事業を展開していた。

空質空調社 企画本部 デザインセンター ブランド戦略室室長の福富全代は語る。

「背景には、温度調節だけではなく、換気も除菌もすべて一気通貫で叶えてほしいというお客さまのニーズの変化がありました。それに応えるべくして、発足した分社です」

事業会社化にあたり、グループCEOの楠見が掲げた目標が、それぞれの業界に対峙して「専鋭化」を図ることだった。空質空調社は、まさにその象徴的な存在といえるかもしれない。

「パナソニック株式会社は家電のイメージが強いのですが、空質空調社は一般的なイメージでいうところの空調メーカー、換気メーカーに当たり、家電メーカーではありません。ですから、競合他社は空調の専業メーカーになります。統合することで、極めて手強い競合に対峙していきなさい、というのが事業会社化、専鋭化の意義、意味だと私たちは理解しています」

そして組織は統合しただけではなく、顧客目線で再編された。B2Bの顧客には設備ソリューションの部隊がワンストップで対峙する。B2Cの顧客には家電ルートや住宅設備ルートを担う部隊が対応する。そして海外を担当する部隊。

「換気、空気清浄、空調を含め、トータルでサービスを展開します」

グループCEOの楠見は、パナソニックのたくさんの事業の中から成長事業として三つを挙げている。アメリカのソフトウェア会社ブルーヨンダーと一緒にB2B向けソリューションを展開するパナソニック コネクト株式会社、EV電池を手がけるパナソニック エナジー株式会社、そして、それらと並ぶ成長事業三つの一つに数えているのが、この空質空調社である。

もともと空調事業は、創業者の幸之助がルームクーラーの事業をスタートさせたことがルーツだ。冷たい風を出す試作機を作った従業員が幸之助の家に設置に行くと、風呂上がりの幸之助が「涼しくて気持ちいいな」「こういうものが安くできたら世の中の人に喜んでもらえる」と語ったという。ここから事業は始まり、やがてルームエアコンから業務用の空調、さらには大型施設の空調にも広がった。

一方、空質事業のルーツは川北電気企業社という会社にある。扇風機のメーカーだ。さて、ご記憶の読者もおられるかもしれない。幸之助が事業を始めた頃に資金繰りに困った際、碍盤(がいばん)という部品を大量発注し、窮地を救った会社だ（第3章参照）。後にグループ入りしたのである。

そんなゆかりのある会社が、21世紀のパナソニックグループの成長事業の一つに数えられる事業のルーツになっているというのは、なかなかに興味深い。

B2B事業のほうが大きく、環境にも貢献

パナソニックグループは、「エオリア」ブランドでルームエアコンなどB2C事業を展開しているが、空質空調事業としては、B2Bの設備系のビジネスのほうが大きい。東京ドームや東京五輪が行われた新国立競技場など、大規模施設でもパナソニックの空調設備が使われてい

る。とりわけグローバルでは9割がB2Bの設備系のビジネスになっているという。

グループとしてのブランド戦略の2本柱の一つ「Panasonic GRREN IMPACT」はグループCEOの楠見から大きな経営の基軸として捉えられているが、この環境貢献においても空質空調関係で具体的に盛り込まれているものがある。

一つが、ヒートポンプ式の温水暖房機だ。福富は語る。

「今、欧州で急成長している事業です。空気中の熱を集め、お湯を沸かすため、燃焼系の機器と比べるとCO2排出量削減に貢献できます」

ヒートポンプ式の温水暖房機でお湯を沸かし、それを循環させることで暖房すると、燃焼系機器に比べてCO2排出量は約7割カットされるという。加えて、エネルギー効率は5倍。恐ろしいほどの省エネルギーの機器なのだ。

「欧州を中心に販売していますが、グループの成長領域にも盛り込まれている注目の設備です」

そしてもう一つが、空質空調機器連携システムである。

「例えばパブリックスペースなどには、空調が入っています。しかし、換気をするためには、空気の出し入れができる熱交換気扇などの機器が導入されていなければ、窓を開けるしかありません。夏場なら、せっかく冷やした空気を一度すべて捨ててしまわなければならなくなるわけです」

それからまた冷やし直すとなれば、大変な非効率になる。

「そこで、熱交換気扇を空調につなげることで、窓を開けて換気をしなくても済むようになります。最大で約5割のエネルギー削減になります」

機器単体の環境性も高めていくが、機器と機器を連携させることで、新たな価値を生み出していく。そんな機器連携システムを手がけているのだ。

「これは、空調業界全体で図っている取り組みでもあります」

さらに三つ目が、分散型エネルギー事業である。空質空調社は、ガスや廃熱で動く吸収式冷凍機という空調機器を持っている。

「空調は電気で動く機器が多いんですが、ガスや廃熱で動くんです」

先に挙げた東京ドームや新国立競技場は、この吸収式冷凍機が使われている。

しかも、廃熱と呼ばれる捨てられた熱でも動くという。

「コージェネレーションシステムとは、大きな商業施設などで、停電時に自動的に動いて電気を供給する機器です」

コージェネレーションシステムは、ガスから電気を作り出すが、その一部が廃熱として捨てられているのが現状だ。

「吸収式冷凍機は、こうした捨てられる廃熱を利用して稼働することができるんです。つまり、とても環境性能が高いということです」

楠見が成長領域として注目したのは、こうした環境にやさしい製品群を持っているからでもある。

事業の方向性が、ブランディングに直結する

空質空調社のビジネス戦略は、社長を務める道浦正治を中心とした経営層によって定められている。トップが発信している、事業をドライブしていくにあたってのポイントは三つだ。

一つは、環境テクノロジーの革新。福冨はいう。

「やはり環境貢献ということが、一番大きなお役立ちであると考えていますので、それを実現するためのテクノロジーを革新していくことです」

二つ目は、継続顧客接点の強化である。

「B2C、B2Bの両方において、商品を納入してからも継続的な顧客接点を持ち、つながり続ける。このような循環型ビジネスを構築することによる顧客への貢献を目指しています」

そして三つ目が、オペレーション改革。

「製品の消費地に近い場所で、開発・生産・販売を行う『地産地消』のモノづくりを推進して

おり、顧客ニーズを反映した製品をスピーディーに展開しています」

事業会社やホールディングスと、どう連携するか

空質空調社のブランド部門は経営企画本部のブランド戦略室である。メンバーは福富はじめ10名。実はブランディングに関しては、空質空調社以外の分社にも、それぞれブランド担当がいる。加えて、パナソニック株式会社にもブランド戦略を担う部門がある。

パナソニックグループのブランド戦略を担っているブランドコミュニケーション部門は、パナソニック ホールディングスとパナソニック オペレーショナルエクセレンスにまたがるチームである。ここには総勢200名ほどのメンバーがいる。

そしてパナソニック株式会社もそうであるように、ホールディングス傘下の事業会社にも、それぞれブランド戦略を担うスタッフがおり、コミッティを成立させるための担当役員がそれぞれいる（兼任含む）。

事業会社はそれぞれ扱う商品群やカスタマーが大きく異なる。そのため、各事業におけるブランディングは、各事業会社に委ねられているのだ。

グループは、「幸せの、チカラに。」だが、パナソニック株式会社は「Make New」。この中で、

分社としてブランド戦略を展開していく必要がある。

「パナソニック株式会社のCCXO（チーフ・カスタマーエクスペリエンス・オフィサー）はじめ、ブランド戦略部門とは、基本的にいろいろなところで連動しています。さまざまな取り組みにしても、グループの各ブランド戦略部門と連携しています。あくまでパナソニックグループと一緒に動いていきます」

とはいえ、分社としての空質空調社は、事業もカスタマーも大きく異なる。パナソニック株式会社のブランドスローガン「Make New」は、何かの事業に特化したブランドスローガンでもない。

「私たちは空気に特化していますから、ブランドスローガンも事業に合ったものが必要になると考えました」

グループ全体のブランドスローガン「幸せの、チカラに。」についても、具体的に細かなコミュニケーションをしながら分社のブランディングをコントロールしているわけではないが、ホールディングスのチームとも連携する。

「パナソニック株式会社の『Make New』や、グループの『幸せの、チカラに。』を踏まえた上で空質空調社のブランディングを考えるのは当然のことだと考えています。ですから、私たちの市場で、お客さまにどう貢献していくのか。そこにすべて落とし込んで事業も展開し、ブランディングも行っていくことが基本になります」

前述のように、空質空調社の場合、Ｂ２Ｂの事業が大きい。ブランド戦略は、より複雑で難しいものになる。というのも最終のユーザーではなく、間に設備工事を担うゼネコンやサブコンの存在も入ってくるからだ。

「そうした業界内での認知をどう上げていくか、ということも課題になります。強い競合もありますので、差別化やプレゼンスの強化も求められてきます。ですから、ブランディングを通じて、自分たちはどんなビジネスを展開していきたいのか、他社とどう違うのか、というところを長いスパンでメッセージしていかなければ、おそらくブランド浸透は難しいだろうと当初から考えていました」

パナソニックといえば、家電のイメージが強い。Ｂ２Ｂの設備事業は、なかなかピンとこない。

「空調の中でもルームエアコンのイメージが強いかもしれません。ですから、東京ドームで使われている業務用空調や、トンネルで使われている換気システムは知られていないため、しっかり発信していく必要もあります」

そうはいっても、家電のパナソニックも事業会社の中にあるだけに、おかしな物言いはできない。こうした中で、ブランディングを推し進めていく必要があったのだ。

事業部がブランドスローガンを作るなんて、考えられなかった

分社化が正式に行われる前から、すでに空質空調社のブランディングの難しさに気づいていた人たちがいた。分社のためのプロジェクトを動かしていたメンバーだ。そこには五つの重点項目が置かれており、その一つがブランディングだったのだという。そして、ブランディング強化のためのチームが集められた。

そこに加わっていた一人が、空質空調社 企画本部 経営企画室の白石愛一郎だ。

「ちょうど分社発足の1年ほど前でした。私たちはまだ組織が新しくなることを知りませんでしたが、何人か呼び集められまして、ブランディング強化に取り組むよう、言われたんです」

ブランディングの重要性は、すでに社員にも理解はできていた。同じくチームに加わっていた空質空調社 デザインセンター所長の木原岳彦はいう。

「我々は、家電のパナソニックとしてではなく、空調業界で戦っていかなくてはならなくなったわけです。そこにポンと放り出されても、業界における認知度が明らかに低いことは、自分たちでもわかっていました」

日本の空調の会社はどこか、と聞けば、10人が10人、他社を答えるだろうと感じたという。そんな中で、いかにして2人でも、3人でも、パナソニックと言ってもらうか。木原は続ける。

「そう言ってもらえるように絶対にしなければならないという思いがあったんです。それは事

業のトップにもあったし、現場にもあった。空調のパナソニックを知ってもらわないといけない、ブランディングをやらないと戦っていけないという危機感です」

だが、それまでは大きなパナソニックブランドの一つとして動いていた。ブランディングなど行われていなかったのだ。白石はいう。

「ですから、実際には最初は、どうしたもんなのか、だったんです。まずは、情報の発信量が圧倒的に少ないので、それを増やすという基本的なことから始めました。その後、同じ発信をするにしても、従業員も含めて全員が一つに尖って発信できるようなもの、心を一つにできるようなものが必要なんじゃないか、ということになっていったんです」

空質空調社ならではのブランドスローガンだ。こうして、基礎の基礎から、ブランド戦略が、さらにはブランドスローガンが作り上げられていくのである。

だが、そんなに簡単な話ではなかった、と木原はいう。

「一事業部にブランドスローガンを持つなんてことは、これまでは考えられませんでしたから。そもそも、そういう組織の機能もありませんでした」

当時も、専門の人材はいなかった。ここから約1年をかけて、ブランドスローガン作りが始まるが、ベースになったのは事業戦略だった。白石はいう。

「ミッションやパーパスとブランドスローガンが一致していること。これを大事にしました。

切り離されているものもよく見るんですが、それでは言葉だけが動いているようになってしまう。一致させなければ良くないだろう、と」

事業戦略とスローガンが合致している、ということだ。

「かといって、省エネルギーという言葉を使うのもどうかな、と。なんといいますか、もっとポジティブにできないか、とも思えて」

言葉を見つけようと、知恵を絞る日々が続いた。その意味では、プロジェクトとして、早く取り組みを始め、時間をかけることができたのが、幸運だったといえる。

ブランドスローガン「空気から、未来を変える。」発表

さまざまな情報の整理が進められた。業界でしっかり勝ち抜いていくために、何が必要になるか。大きな課題とも思えるものがあった。福冨が語る。

「我々が扱う空気というものは、目に見えるものではないということです。この空気は汚れていますす、ここの空気はきれいです、と言われても、本当なのかどうか、色がついているわけではないので見えないんです」

戦わなければいけないのは、こういう世界だということだ。そこで、伝えるべきことを掲げ

た。

「一つは、空気の大切さです。我々はそんな空気を預かるプレーヤーだということです。二つ目は、空気の価値です。当たり前として捉えがちな空気にもしっかり価値があるのだ、ということを伝えたいと考えました」

空気によって、人々は、健やかな毎日というものを享受している。その空気の大切さと価値を伝えていかなければいけない。まさにここで、ブランディングを行うことにしたのだ。

「どんな考え方、どんな想いでお客さまに空気を提供していくのか。目に見えないからこそ、明文化することにしました。そして明文化したものを、今度はビジュアル化する。これが、ブランディングだと考えたんです」

こうして、ブランドスローガンは定められた。

〝空気から、未来を変える。〟

そして、三つの提供価値をまとめた。空質空調社の空気に、どんな価値があるのかを示したのだ。

一つ目が、〝空気から、健やかな地球を。〟

「まずは、カーボンニュートラルに貢献していきたいという思いです。空質機器、空調機器は、大きな電力を消費します。だから、このエネルギー低減を図る。それは、イコール環境貢献になります。まずはこれを第一義に挙げました」

二つ目が〝空気から、安心安全を。〟

「直近のコロナがわかりやすいと思うんですが、ウイルス、PM2・5、花粉など、いろいろなものが空気には混在しています。それらを取り除くことで、安心安全に呼吸をしていただくことを実現したい、ということです」

そして三つ目が〝空気から、社会に活力を。〟

「これはちょっとわかりにくいかもしれませんが、空気にはその力があると考えているんです。例えば、パナソニックが提案するオフィスは、心地良く、気流もあって、湿度も最適にコントロールされています。空質の7つの要素を制御し、働くのにふさわしい空気を提供しているからです」

空質の7要素とは、温度、湿度、清浄度、気流、除菌、脱臭、香りの7つだ。

「これらが整うと、とても働きやすく感じます。例えば、最適な温度や湿度であれば、思考能力が高まります。私たちは香りも扱っていまして、香りも癒やしになったりします。ですから、一人ひとりの状況、シーンに合わせて、最適な空気を提供することは、活力にもつながっていくんです」

この3つをまとめたのが、空気から未来を変えていきたいという想いを込めたブランドスローガン、〝空気から、未来を変える。〟だったのである。

「専業メーカーではありませんので、社名自体に『空気』が入っているわけではない。ですから、ブランドスローガンに『空気』という言葉を入れる必要がありました。また自分たちがやっていきたいことも含め、現時点ではなく長い視野で考えていく未来志向でありたいと思っていたので、両方の言葉を入れました」

だが、最終的な策定には、かなりの時間がかかった。木原はいう。

「空気に対してパナソニックは本気なんだ、ということを示したいという思いもありましたし、空気の中でのパナソニックの認知度を上げていきたいという気持ちも強かった。それで右往左往しましたね」

福冨が続ける。

「盛り込みたかったのは、現状のままでいいのか、というメッセージです。このままだと、温暖化が進み、ウイルス感染も拡大するかもしれない。だから変えたいんだ、と」

そこまでの想いを掛けたのだ。

「このブランドスローガンは、従業員全員が大事にしながら育てているという印象があります。この意識は、これまでにないものでしたね」

見えない空気を〝見える化〟し、自分たちはどう世の中に貢献したいのかを、わかりやすく伝えることで、パナソニックの空質空調社の存在を世にアピールしていったのである。

グループの各所から叡智を結集してできたブランディング

ブランドスローガンも含めたブランド戦略の策定では、グループのブランドコミュニケーション部門にも協力してもらったという。ブランド発信は２０２１年からスタートしていたが、そのコア戦略である「ＳｏＶ戦略」は、森井からのアドバイスによるものだった。福富はいう。

「ＳｏＶとはシェアオブボイスの略ですが、ブランドを発信して露出を増やしていく戦略です。パブリシティを強化し、サイトやデジタル広告による発信も拡充していく。インナーブランディングにも力を入れる。広報を軸にしながら、その他の取り組みをどんどん拡充させるＳｏＶ戦略でいったらどうかと、森井から話をもらいました」

ブランドスローガン「空気から、未来を変える。」をどう活用していくのか、空質空調社としてブランドをどう捉えるか、ブランドガイドライン作りについても、グループのブランドコミュニケーション部門に入ってもらった。

「ですから、空質空調社の内部で閉じてブランド戦略やスローガンを作ったというものではありません。パナソニック オペレーショナルエクセレンスにも協力してもらっていますし、いろんなメンバーに入ってもらって戦略を作りました。販路を考えたとき、同じく分社のエレクトリックワークス社の販売部門にも加わってもらったりしていますから、彼らにも入ってもらいました。とにかく多くの関係者で作っていきましたね」

主体的に打ち出すのは空質空調社だが、グループが持っている多くのナレッジや知見を生かし、戦略を策定していったのだ。

パナソニックＨＤ、パナソニック オペレーショナルエクセレンス、パナソニック株式会社、その分社の空質空調社という関わりになるが、全社横断的に叡智を結集して事業のブランディングは行われていったのである。

２０２２年１月には、空質空調社の事業戦略・ブランドスローガンの記者発表会が行われた。大手新聞やテレビ局など55媒体60名が参加。戦略発表会の様子は、テレビの5番組に取り上げられ、新聞・通信社の露出40紙、Ｗｅｂでの露出は１４９記事に。広告費換算で1億円を超える露出となった。

2月には、ブランドスローガン「空気から、未来を変える」をＰＲするためのテレビＣＭを展開。その後も、空質7要素をコントロールする技術を訴求するブランドムービーなどを作成、空質空調社のサイトで発信している。

さらに、ブランド強化策として、顧客提供価値の「体感」ＰＲを加えた。

日本一、空気がおいしいと言われる山形県朝日町にある「空気神社」とのコラボレーションを発表。空気神社の空気を再現したブースをパナソニック東京汐留ビル内に期間限定で開設。それを「知的系ＫＯＬ（Key Opinion Leader）」に体感してもらうような取り組みも進めた。

「点ではなく線での発信にしていくことを意識しています。我々のブランディングは、常にお客さまの社会課題に紐づいて行われていくということです」

朝日町とのコラボレーションが始まったのは、２０２２年11月９日の「いい空気の日」。この日は、朝日町の町長と空質空調社トップの道浦が登壇する記者会見を実施した。また、２０２３年６月に開かれた「空気まつり」にも協力している。

キービジュアルを欧州のデザインファームに依頼した理由

空質空調社社内向けのインターナルブランディングとしては別にプロジェクトが動き、社長直下でブランドスローガンに基づいて活動を社内に広めていく動きがとられている。

「外向けと内向け、両方を回しながら認知度を高めていこうとしています」

興味深いと感じたのは、グローバルについての意識だ。

日本ではパナソニックはさまざまな事業展開を行い、商品もあって知名度があるが、海外では必ずしもそうではない。アメリカ、ヨーロッパでもすべての製品が展開されているわけではない。

先に主要拠点として欧州を挙げていたが、ブランドスローガン「空気から、未来を変える。」のキービジュアルは、特に欧州を強く意識して作られたものだった。デザインセンターの木原がいう。

「ブランドスローガンは、同時に英語版『VITALIZE THE FUTURE WITH AIR』も作っているんですが、この英語版も含め、キービジュアルは欧州のデザインファームと一緒に作ったんです。環境に対して最も感度が高いのは欧州ですから、欧州のお客さまやビジネスパートナーに響くものにしたかったからです」

その意味では、事業戦略に基づいて、最初から世界、とりわけ重点地域の欧州に目が向いていたのである。顧客に響かない言葉やビジュアルを作っては意味がない、という思いからだ。

「おそらく日本で考えていたら、VITALIZE なんて言葉は出てこなかったと思います。おかげで、欧州のお客さまにピタッと『空気から、未来を変える。』のニュアンスを伝えることができました。キービジュアルも、欧州のお客さまが見て、すっと入ってくるもの。すべては欧州基準に合わせて作っているんです」

それは日本人の自分たちにはできない、と欧州のデザインファームに依頼したのだ。

「逆にいうと、そこで通じたら、ほぼ世界のどこでも通じると思いましたので」

かなりエッジの立った取り組みをしているのだ。このあたりも含め、分社のブランディングの自由度は高いという。グループ内と連携しながらも、独自の取り組みを推し進めているのである。

サイトに展開されているデジタルコンテンツも、インパクトがあるものだ。アーティストの詩羽を起用して空質7要素をテーマに制作した映像もその一つだ。木原はいう。

「Z世代に向けて制作しました。誰の心に響くのか、ということは極めて大事にしています。私自身も最初見たとき驚いたんですが、Z世代向けとなれば、これぐらいのほうがいいな、と思いました」

空気神社のある朝日町では、小学生に空気の大切さを教える授業がスタートしている。名付けて「キッズエアラボ」。これもCSR的な取り組みに見えて、そうではないと、福富はいう。

「CSRではなく、ブランディングの一環です。α世代へのブランディングの一つですね。まずは山形で始めましたが、今後は全国的な動きにしてはどうか、というアドバイスもブランドコミュニケーション部門からもらっています」

２０２４年度以降は、空気の価値啓蒙をテーマにするという。

空気の価値訴求や顧客提案価値を実際に体感してもらうためのさまざまな取り組みも構想し

ている。白石はいう。

「まず言えることは、発信量が明らかに増えたということです。空質と空調が一緒になり、業界で戦うときの強みをアピールする。B2Bの空調事業をアピールする。その二つのテーマがあったわけですが、認知はかなり上がってきていると感じています。何より、本気度は伝わったのではないかと考えています」

まったくゼロからの分社のブランド戦略は、こうして一気に走り出した。

日本企業に足りないのはサッカーでいう「マリーシア」

空質空調社のブランディングについても、さまざまにサジェスチョンをしていたというブランド戦略・コミュニケーション戦略担当だった執行役員・森井に、章の最後にまたご登場いただく。パナソニックにジョインして、優秀な人材の多さに驚いたという森井は、改めて足りないものにも気がついたと語る。

「自分でリスクをとってチャレンジするという力が弱い、という印象がありました。私はよくサッカーで使われる『マリーシア』という言葉を使っています。技術もあるし、戦略もきちんとしているけれど、勝てないチームがある。そんな中で、強豪ブラジルの選手には、マリーシアがあるというんですね」

日本語に当てはまる、ぴったりの言葉はないという。

「こずるさとか、ずるがしこさというとネガティブに聞こえるんですが、それとも少し違う意味があります。もう一つ何か工夫してみるとか、違う振る舞いをしてみるとか、そういう意味があるんです」

サッカーの元日本代表監督にインタビューしたとき、似たような話を聞いたことがあった。世界の強豪チームでは、相手に点を取られたとき、うなだれている選手はいないのだ、と。次に何ができるのか、何かやってやろうと常に考えていると。

「もちろん公明正大な精神の人がたくさんいたから、会社も成長できた、ということは言えるでしょう。ただ、もう何十年も前に有名なジョークがありましたよね。松下電器には、某社という開発部隊があった、と。マネシタと言われたこともあった。でも、私はこれ、好きな言葉なんです。良い意味で受け止めている。誰かが作ったものを、より良い製品にして出していく。まさに、マリーシアなんですよ」

実際、高いクオリティの製品を送り出していた。だから、売れたのだ。社外の〝開発部隊〟を利用しながら、より良いものを社会に送り出していたのである。

「言葉の使い方を間違えると誤解を生じてしまうことになるんですが、パナソニックにマリーシアが加われば、百人力になるんじゃないかと。ただ、そのためには時間がかかるでしょうね。何世代もかかるかもしれない。でも、それを楠見が今、変えようとしているわけです。基本は基本で大事にしながら、やっぱり競争力がないとダメなんだ、と」

森井の話を聞きながら、まさにこれは日本企業すべてに当てはまるのではないかと感じた。この30年、なかなか結果を出せなかったのは、そういうことだったのではないか。ただ努力をするだけではダメなのだ。ほんのちょっとでもいい。マリーシアを効かせていく。それが再び日本を〝強豪〟にすることなのかもしれない。

パナソニックは、グループCEOの楠見の舵取りが始まって3年目を迎えている。競争力を整える時期は去り、これからは実行に向かうタイミングに入っている。ブランディングとしては、コロナ禍で手が付けられなかったグローバルに、そして未来へというキーワードにこれからの課題があるという。

パナソニックセンター東京に未来区というグループショールームがある。作られたのは、2016年。これを見た楠見が怒ったのだという。どこが未来なのか、と。

振り返ると、パナソニックグループでは2012年以来、技術の未来ビジョンが語られなくなっていた。だから、未来ビジョンをもう一度、楠見は作りたいという。

しかし、技術だけ作るというのでは、モノオリエンテッドになって、凝り固まったものになってくる。そこで、ブランドとデザインを入れて、未来ビジョンプロジェクトが動き出した。これをどうブランディングに生かしていくのか、が次の課題になる。

10年先、15年先にどんな未来が待っているのか。グループのショールームや映像コンテンツなどで展開していくという。

たしかにそういえば最近、日本で未来の話があまり聞こえてこない。パナソニックグループの新しい未来づくり、大いに興味のあるところである。

第7章

ブランドとは何か。

楠見雄規

グループCEO

インタビュー

新体制に伴い、大きく変わったパナソニックグループのブランディング。それに伴い、若年層認知度も跳ね上がりの上昇を見せた。そのブランディングのコアを生み出したのは、やはりこの人だ。パナソニック ホールディングス社長にしてグループＣＥＯ、楠見雄規である。

最終章は、売上高８兆３７８９億円、営業利益３１４１億円、従業員23万人のグループを率いる楠見のインタビューをお届けしたい。

＊

一人ひとりがやっていることがブランドになっていく

――若年層認知度が一気に戻ったようですね。

本質的な回復とはあまり思っていませんでね。多少いろんな活動をして頑張って発信してくれて、若年層にも届くようになったのかもしれません。

例えば昔だったら、ラジオとかラジカセとかヘッドフォンステレオなどがあった。13歳から15歳くらいで使う商品がけっこうあったわけです。

ところが、今はそれがすべてスマホに置き換わってしまった。かつては私どももスマホを作っていましたが、結局、撤退せざるをえないような状況になって、ティーンエイジャーに届く商品がなくなってしまった。
16歳、17歳、18歳くらいになると、ナノケアドライヤーに興味を持ってもらえたり、もっと小さい子どもたちが接する製品には玩具用の電池があったりするんですが、10代半ばは少ない。やっぱり、私どもの商品を通じた接点、機会というのが、減っているんです。日本ですらこの状況ですから、海外ではいわんやをやというところです。

人が生まれてから育って、成人になって一人で住むようになって何かを買う、というステージを考えたとき、それまでに私どものことをお知りになって、だからパナソニックを買おうか、というところまでつなぐというのは、なかなか難しいと思うんです。

そうすると、一つひとつの商品や商材が強くなっていく必要がある。その上で、コストパフォーマンスという意味でも、選んで良さそうやなと思ってもらえる、あるいは店頭で勧められる、というようなことがあると、ブランドもちゃんとできていくと思うんです。商品という軸でいえば、ですけどね。

——改めて、ブランドというものをどんなふうに捉えておられますか。

これはなかなか難しいところで、何のためのブランドか、ということなんだと思うんです。消費者、購入者という目線もありますが、それ以外に例えば協業をしようとしたときに、パートナーから「パナソニックだったら大丈夫だ」と思ってもらえるか。

あるいは、サプライヤーから、「パナソニックだったら納入しても、変な仕打ちは受けへんよな」ということもあるでしょう。

世の中の方々が何か行動をしようとしたときに、「パナソニックだったら大丈夫」「パナソニックと一緒にやってみたい」「パナソニックのモノを買いたい」と思っていただけるかどうかです。ただ、弊社の活動がいろいろある中で、すべての人にそう思ってもらえる活動なんて不可能です。

だから、ブランドという言葉で一言でくくるよりは、それぞれのステークホルダーに、弊社にどういう印象を持っていただくかということを一つひとつ突き詰めていくしかないと思うんです。これは、大坪が社長だった２００８年にパナソニックにブランド統一を行ったから、ということもあるんです。会社名と商品が一致している。

正確には、オーディオだったらテクニクスとか、カメラだったらルミックスというブランドもパナソニックにはあって、「テクニクスいいじゃん」「ルミックスが好きだ」と思ってくれはる方がいらっしゃれば、それはそれで素晴らしいことです。

ただ、パナソニックという名前をブランドとして捉えるとなったら、やはりそれは商品ブランドではないわけです。商品ブランドもあるけれど、社名、グループの名前なんです。

ですから、商品という軸とは別に、さまざまなステークホルダーに、それぞれがどう対峙するかが問われてくる。しかも、事業会社制になったのですから、それが事業会社ごとにまた違うんです。十把一絡げのパナソニックという話でもない。

私たちのグループの社員、一人ひとりがやっていることが、まわりからどう感じていただけるか、あるいは信頼していただけるか。そこにつながっていくのです。

そうなると、ある事業会社の従業員がとんでもないことをしたとなったら、隣の事業会社の従業員も困るということになる。一人ひとりの行いが、パナソニック全体の印象を決めることになるわけです。一人ひとりが、ブランドを体現しているんです。

CEOに就任してから、松下らしさ、パナソニックらしさというところが失われていると感じました。一人ひとりの行動においてもそれを感じました。そこで、経営基本方針や、パナソニック・リーダーシップ・プリンシパルを提示することで、一人ひとりがどう考えて行動するか、を問うているんです。

この会社をサステナブルにすることが、私の仕事

——グループCEOに就任するにあたり、楠見さんがその根幹に据えたのは、一人ひと

りの行動をどう変えていくか、だったんですね。

弊社はもともと、とりあえず利益が出たらいい、という考え方ではないカルチャーを持つ会社なんです。ただ、苦しい時期に直面して、まずは利益を、いうことが社員に対しても言われるようになった。

「どれだけの営業利益を出さなあかんのや」、あるいは、「どれだけの販売いかなあかんねん」、ということが前に出た時期もありましたけれども、本来的にはそれはすべて結果なんです。

お客さまから信頼していただいて、どこの競合の会社よりも優れたご提案ができて、約束を守って、ご満足していただけて、喜んで対価を支払っていただく。そういうことができて初めて利益を得る、というのがもともとの我々の考え方なんです。だから、そういう原点に戻らないといけないと思いました。

また、我々の会社が何のためにあるのか、という点でも、社員一人ひとりが誇りを持てる考え方が伝えられてきていました。ところがいつの間にか、厳しい競争に勝つことだったり……いや勝つどころじゃないな、生き残ることが目的化してしまって、会社の存在意義を忘れかけていた。それが、この30年やと思うんですよね。

だから、この30年に失われていたものを取り戻して、一人ひとりが今はパナソニックですけど、創業以来の「松下」の社員らしい行動というのを、しかも今風にやっていただかないことには、会社はサステナブルにならない。

2年や3年で多少利益を上げるということよりも、この会社をサステナブルにすることが、私の仕事やと思っていますので。

——創業の原点に立ち戻ろうと考えたのは、どうしてだったのでしょうか。

30年間、成長していないからです。30年間、例えば、M&Aもたくさんやってきたわけです。では、どうしたらいいのか。

かつての元会長、高橋荒太郎が口を酸っぱくして言ったことがあるんです。要は、誰にも負けない立派な仕事をして、お客さんに選んでもらうんやと。利益が出ていないというのは、そういう仕事ができていないということなんです。

ほとんどの事業がそのような状況にありました。

私が就任直後に、まずは2年間は競争力強化に徹すると言ったのは、もう脇目を振らず、誰にも負けない立派な仕事ができるようになろうよ、というメッセージだったんです。誰にも負けないというのは、お客さまにお役立ちをするということです。お客さまに喜んでいただくということにおいて、誰にも負けない、と。

もちろん、商品そのもので喜んでいただくということもあるし、お客さまに対して誠意をちゃんとお示しするということもあります。そういうことを通じて信頼していただいて喜んでいただくから買っていただけるというところにおいて、誰にも負けないということになれば、成長に転じることができる。

2年間ですべてできたかというと、できていないことも多いのですが、できているところがあればさまざまなステークホルダーから信頼されるんです。それがイコール、ブランドということにもつながると思うんですよね。

――ただ、従業員にこうすべきだ、こうしよう、というメッセージはさまざまな形でこれまでも発せられていたと思います。

メッセージといいますか、経営理念はありましたよね。あるけれども、身に付いてない。それは朝会がなくなって、「綱領」「信条」「七精神」を読まなくなったという理由もありますが、いつのまにか利益であるとか売り上げであるとかが目標にすえられるようになって、「それを達成せよ」ということになった。そして、達成しないと、達成できなかったことがとがめられるんですね。

本来はそうじゃなくて、なぜこれが達成できないか、自分たちでちゃんと振り返って反省すべきところを直さないといけないんです。もっと改善しよう、というコミュニケーションが起きればよかったのですが、経営的に厳しい状況においては、なかなかそうはならなかったんだと思います。

短期的な業績の回復で、多少株価が上がった時期もありました。私はこれまでの経過も見た上で、まずは短期的な成長をもたらす特効薬よりも、漢方薬の処方が必要だと思った。そして3年目には、漢方薬と特効薬の組み合わせをやろう、と。こういうことを考えたんですね。

みんなでどこに向かうのか、がはっきり見えなかった

——取材のスタートにパナソニックミュージアムを訪問して、改めて松下幸之助という創業者のすごさを垣間見ました。

そうなんです。私たちは、それを入社直後から叩き込まれた最後の世代だと思います。私がちょうど入社した年、1998年に創業者が亡くなっているんです。4月の末、私は工場実習で奈良の大和郡山でガスの給湯器を作っていました。もう撤退した事業ですけれど。その工場でいきなりサイレンが鳴って、それからアナウンスが流れたのも覚えています。

幸之助創業者のメッセージには、弊社のいろんな研修で触れる機会があるんですが、こういう立場になる前は、そこまで深く考えていたかというと、違っていたかもしれないですね。そ

れよりも、自分が担当しているオートモーティブ事業の赤字をなんとかしないといけない、といった目の前のことに気持ちは集中するわけです。

社長の内示を受けたときは、抵抗しました。「最低もう1年、オートモーティブをやらせてほしい。なんで今、社長せなあかんのですか」と。でも、すぐに陥落したんです。前任の津賀一宏に「俺のときとは違うんや」と言われましてね。

「俺は大坪さんにやってくれと言われただけやけど、今回は指名・報酬諮問委員会での決定やから」と。それはもう、どうにもしようがなかったんです。

そこからですね。いろいろ考え出したのは。すると、この会社はわかりにくいな、と気づきました。わかりにくくてもいいんだけれども、みんなでどこに向かうんか、がはっきり見えなかった。

それで、もともとこの会社は何を目指していたのだろうと考えながら、過去の資料を読んでいったときに気づくわけです。結局、行き着いたのは、1932年、創業から14年目の第1回創業記念式典でした。

そのときに幸之助創業者がみんなに伝えたことは水道哲学という名前で呼ばれていますが、その水道哲学と250年計画の手前に、とても重要な一文があったんですね。それが、「精神的な安定と、物資の無尽蔵な供給が相まって、初めて人生の幸福が安定する」という言葉なんです。物心一如です。

調べていくと、１９４６年のＰＨＰ研究所の設立のときの設立趣意書にも出ていますし、１９７９年の松下政経塾の設立趣意書にも出てくる。

幸之助創業者が目指したものとして、水道哲学はよく知られていますが、それは一面であって、本質は物心一如の繁栄ということに尽きるんじゃないかと。それを２５０年かけてやると宣言していたということは、我々はその25年1節の4節目を預かっているだけだと思わんとあかんねんな、と気づいたわけです。

そうしたとき、この4節から5節にかけて何をせなあかんのか。ここで大切なことは、創業者の目ざした物心一如の繁栄というのは社会全体を視野に入れたものなんですよね。ということは、当時は正直あまり関心がなかったのですが、「地球環境ってイカンじゃないか」と思うに至ったんです。

幸之助創業者の掲げた２５０年計画で考えると、ゴールの２１８２年は今から１６０年後です。そのとき、このまま地球温暖化が進んでいったらもう誰も住めないんじゃないか。火星に移住でもするのか。移住できなかったら、どうするのか。それで、これはまじめにやらんとあかん、と思ったんです。

かつて社長を務めた大坪が、環境革新企業を目ざす、と宣言したのも、おそらく彼もそういうことに気がついていて、そこに我々の価値を見出したんだと思います。ただ、残念ながらこれをまじめにやろうにも、環境関連の技術が当時はあまり整っていなかった。

２０１２年には巨額の赤字を前に、大坪から引き継いだ津賀も前任者を否定せざるを得なかった。加えて、プラズマテレビ事業が撤退するという、とんでもないことになりましたから、やりきれなかった。ただ、それによって何が起きたのかというたら、原価を突き詰めていくことが軽視されてしまって、余計に競争力を失ってしまったところがあったと思うんです。

幸之助創業者の時代は、少なくとも自分たちが、いかにお客さまや社会に役立つものを世に出していくか、を考えていた。そしてそこにおいて誰にも負けないということを目指していたんだと思うんです。

もちろん１９５０年代、60年代は今ほど便利ではない時代でした。まずは便利にしていく、テレビもカラーにしていく、70年代前半は二槽式が多かった洗濯機も、一槽式の全自動にしていく。

そういう利便性を追求していったら良かったんですが、それがある程度、家電については十分便利なものになっていった。その前兆があった中で、社長を務めた山下俊彦が多角化をしたわけですね。

多角化した結果、残ったもの、残っていないもの、いろいろありますけども、そこからは新しいものを生み出そうとしても、小手先なものが多くなっていってしまった。だんだんプロダクトアウトになっていったという側面もあると思います。

OBからは、けっこう励まされた。「それ失ってたんや」

――原点に立ち戻ることについて、役員会含めて、周囲からはどんな反応がありましたか。

全員の腹に落ちたかどうかというのは、正直いうと、よくわからないですが、歓迎する声は多かったですね。「そこに戻らなあかんねんな」、とかね。OBからは、けっこう励まされました。「それ失ってたんや」、といわれました。

従業員は、目の前の仕事に追い回されながらですから、また何か新しい面倒くさいことをいやがって、という側面はあったと思います。ただ、2割、3割の従業員は、すごく共感してくれたという印象があります。やっぱり、そういうことですよね、といわれたり。

今はコミュニケーションの方向もずいぶん昔とは変わっていて、ウェブサイトに仰々しいメッセージを載せるのではなくて、社内はSNSでやっていますから。双方向ですからね。

――経営基本方針を60年ぶりに改訂された、というので驚きました。やはり、それだけ

社内を変えるにはインパクトが必要だった、ということでしょうか。

これには、いろんな側面がありますが、まず一人ひとりの意識を変えていく土台になるのが経営基本方針だということです。

ただ、この経営基本方針がＡ４で20ページくらいあるので、有志を集めて、これをもとにして行動指針のようなものを作りましょう、ということになりました。外資系企業のリーダーシップ・プリンシパルなども多少お手本になっています。私からはあまり細かく注文をつけずに任せていたら、長文の経営基本方針の内容をもとに、端的に11項目にまとめてくれたんです。これが、パナソニック・リーダーシップ・プリンシプルです。これが、行動指針のようなものにあたります。

でも、これは土台なんです。土台に対して実際にどういうことをやらないかんかというところは、いろいろな側面があげられます。

例えば、営業部門の従業員はどうあるべきか、ということを示そうとしたら、なかなか共通的な示し方というのは難しい。そういうことは、それぞれの責任者にお任せすることになります。

ただ、思い切ったことは必要だと思っていました。私は、この立場になる直前の2年間は車載機器、その前は車載電池を担当していました。それで、トヨタ自動車さんからご指導をいただく機会が多かったんです。このとき、違いに愕然としたわけです。トヨタさんには、いわゆる「やむにやまれぬ改善魂」というようなものがあって、一人ひとりが本当にカイゼンに取り組んでいます。今やっている仕事はもっと効率的にできないか。もっといい形の仕事にできないか。そういう工夫を自分の仕事やと思っている。

これは差がつくわな、と思いました。言われたことをやってたら給料もらえるという考え方と、仕事のやり方を変えてなんぼやみたいなことで毎日知恵を出す集団と、では。

かつて1970年代くらいには、「日本を代表する製造業といったらトヨタさんと松下さんですね」とまわりから言われていたわけです。そこから差がついたのは、これやな、と思ったんです。

それで作ったのが、ホールディングス傘下のオペレーション戦略部でした。まず、モノづくりからどんどん進化する現場に変えていこう、と。ここでは二つの取り組みがあって、トヨタさんの大部屋であるとか、良いと思った仕事のやり方は徹底的にまねしようと。

角形車載電池の事業は今はトヨタさんが51%の会社ですけど、ここの現場をトヨタさんが入ってカイゼンしてくれて、どう現場が変わってきたかということを目の当たりにしました。

中には、ちょっとついてこられないような従業員もおったんですが、ほとんどの社員の目がギラギラと輝くようになっていったんです。これを見て、もうまねするに限ると思ったんです。

また、弊社はブルーヨンダーを買収する前に、カメラの技術を持っていたんですね。パナソニック コネクトの倉庫でやっていた、カメラで上から360度で人を撮り、動線を分析して、どの動きが無駄かを判断する技術です。これを改善に利用したらいいんじゃないかというので、いろんな拠点でやり始めています。

最初に取り入れたのが、敦賀のオートモーティブの工場です。車載機器の工場だったからです。ここはあるラインでトヨタさんに入っていただきご指導いただいていて、すでに徹底的に改善した後だったので、そのうえでさらに改善できるならやる価値はある、とトライアルをしてみたら、けっこうまだまだいけたんです。

やはりデジタルの力は大きいですね。例えば、日勤、夜勤、24時間分析ができるんです。日勤と夜勤では、動き方が違ったりします。そういうことも分析できる。ずいぶん成果があったので、それを横展開して、考え方とデジタルを使った手法で取り組みを進めています。

もう2年になります。まだまだ各事業会社の代表拠点くらいにとどまっているので、グループのすべての拠点に展開できたらかなりの成果になると思います。リードタイムの短縮にもなってくるし、定着すれば、どんどん良くなっていきます。

こういうことを、製造以外の現場でも、もっとこんなことができるよね、とやっていきたいんです。ただし、お金はかかりますから、ニワトリとタマゴで、足下でお金をかせげないと、改善も回らないというところはあるんですけどね。

　一方で、中国では、中国・北東アジア社が独立して動いていて、いろんな制約を外すことで、中国での原価構築を新しくしました。例えば、冷蔵庫や洗濯機だったら、材料費が20％くらい削減できたとか、小物家電では40％、50％削減できたものもある。

　ちょっとブランドの話と外れてきていますが、今、純粋な日本の家電メーカーは少なくなっているじゃないですか。ということは、中国で戦えないコスト構造だと日本でも戦えないということなんです。

　だから、そういうコスト構造の変革を本当はもっと早く日本にも適用して、そのスピードをもっと上げたいな、と思ってきたのが、この2年間だったんです。それは今からでもやらないわけにはいかないので、加速して、やっぱりパナソニックはいいものを適正な価格で、リーズナブルな価格で出してくれる、すごくいいものを作ってくれるよな、ということにならないと、信頼を回復することは難しいでしょう。B2Bも同じです。コストで負けてたら、選んでもらいにくくなっていきますよね。

　宣伝にも改善の余地がありますね。事業部軸が強くなると、縦割りになって、お金のある事業部は宣伝できるけど、ということにもなる。お金がないところこそ、宣伝をせなあかんという側面もありますから。こういう仕組みも、まだちょっと変えていかないといけない気がしていますね。

この体たらくでも、会社が30年もった理由

――事業会社化による「自主責任経営」や、従業員向けの「社員稼業」といったキーワードもインパクトがありました。

弊社の自主責任経営というのは、もともと従業員一人ひとりが自主責任経営をしないといけない、ということだったんですよ。

一方、事業会社とか事業部という単位に求める自主責任経営というのは、上を見るな、ということなんです。上に指示を仰いで経営すんのとちゃうで、と。自分で経営すんのやで、と。

ただし、上に対しては、逆にいうたら、事業会社や事業部に対してほっとくんじゃない、と伝えてあります。任せて任さず。そういう意味なんです。任せて任さずやけれども、財務規律という意味では、しっかり手綱を引いておかないといけない。

儲けてないのにどんどん拡大する、みたいなことは許されないですね。あてもないのに投資をするとか。

社員稼業も、すべて共通している話なんですよ。一人ひとりが個人商店の店主のようになる

ということ。歴史館でもエピソードが書かれていますね。でも、これは結局、一人ひとりの社員が、経営基本方針を実践するということなんです。

事業のベクトルという話と、一人ひとりの行動という話があって、もちろんある事業に従事している社員は、その事業のベクトルに沿ってやらないといけません。

その中には多様な意見や多様な経験が生かされるというのはあるんですが、一人ひとりということに着目したときには、そこに共通の価値観であるとか、行動指針みたいなものがあって、それが本当に高いレベルで個々人に実践されている状態になったら、それは企業として一番強い状態ですよね。

個々人が常に自分の能力以上のパフォーマンスを発揮している状態って、すごくないですか？　個々人が常に能力を高める、そういう機会が得られる。普遍的な行動指針があって、その行動指針にのっとって行動レベルが上がっていく。そしてパフォーマンスを発揮するということになったら、これはすごい会社になれると思うんですよ。

人ということに着目した指針というのは、私は一番大事だと思っています。それはブランドというものを語る上でも、他社のパートナーと仕事をするということにおいても信頼が得られるでしょうし、またあの人と一緒に仕事がしたいな、ということになる。そうなったら、最高じゃないですか。

——やはり原点というのは、大事ですね。人に着目することもそうですし、会社は何のためにあるのかということもそうです。

物心一如の繁栄です。これ、わかりにくいんですけど、250年通用する存在意義ということになったら、このレベルのものになるんだと私は納得したんです。

逆にいえば、その長いスパンからこの先50年ほどを切り取ったら、と考えると、一人ひとりの生涯の健康安全・快適、地球環境問題の解決ということになるわけです。

ただ、こんなことを言っていたところで正直、アナリストの評価が上がるわけでもない。それでも、そうであっても、私は曲げるつもりはありません。

そもそも、この体たらくでも30年会社がもったのは、結局、根底にこういう思想があったからだと思っています。その意味では、機関投資家の理解はありますね。

そして、トップがどんなことを発信していくのか、発信の比率も大事だと思っています。財務諸表や財務面での目標に偏重してしまうと、心の部分がおろそかになりかねない。

これは、なかなかうまくいっているとは言い難いんですが、財務的なところでは、私は営業キャッシュフローとＲＯＩＣ（投下資本利益率）以外は数字見ないよと言っているんです。営業キャッシュフローですら結果指標なんですよね。そうしたら、非財務の指標って、どう見ますか、という話です。

非財務の指標で、例えば生産性がわかりやすいですが、トヨタ生産方式だと労働生産性と設備生産性と材料生産性を見るんですね。そこには、景気や不景気は関係がない。自分のパフォーマンスを上げるということにおいては、何も変わらない、と。

だから、コスト競争力にしても、設計の面で部品点数を下げていくこともあれば、生産性を限りなく上げて効率良くモノが作れるというのもある。

こういうことをやっていくんだという発信と、経営基本方針的な発信で、私の発信の8割くらいになります。利益や販売や営業キャッシュフローというのは、全体に対する発信の中ではほとんどない。結果の報告はしますが、なんぼ目指しましょうなんていうことはしない。もちろん、事業会社はそういう発信をするんですけれども。でも、営業利益の目線は低いやないか、みたいな話は、事業会社の責任者レベルの人間との間でしかしないようにしているんです。

パナソニックらしくないブランディングをしてはいけない

——そして、原点に立ち戻り、心に着目するところから、「幸せの、チカラに。」というブランドスローガンが出てきたわけですね。

当初はあまりいいアイデアが出てこなかったんで、突き放していたんですが、最後にこの「幸せの、チカラに。」が出てきた。これはいいなと思いました。物心一如の繁栄ということを、そのまま表しているということからしたら、ありだと。

こういうアイデアは、私、センスがないので、私自身がこれを思いつくことはあり得ない。ようやってくれたと思います。

——楠見さんご自身のnoteでも、このブランドスローガンについては熱くお書きになっていました。

読んでくださって、ありがとうございます。もっとフォロワーが増えないかな、と思ってるんですけどね（笑）。

——上場会社の社長自らが、あんなふうに発信するケースはあまりないと思います。

私が言い出したわけではなく、ブランドのグループからやりませんかと言われて、えー、とか言いながら始めたんです。

——30年間、成長してません、なんて話もズバッと書かれていて。

だって、事実ですもん。これは、対外的に、ということ以外に、従業員に読んでもらうという意味もありますから。外にもこう言っているよ、と。

――反応はありますか。

他社の幹部の方が読んでおられたりして、驚きました（笑）。

――これから、パナソニックグループのブランドをどうしますか。

ブランドをどうするか、ということではないと思っているんですね。ブランドの価値でいえば、発信を強化していく側面はあります。ですが、嘘をいったって信じてもらえないだけですから。ファクトを積み上げていくしかない。

根底にあるのは従業員一人ひとりの行動があって、その結果、よいものができて、それが発信できるということになって、結果としてブランドが強化されていく、と。

あんなことやりたい、こんなことやりたいと発信ばかりをするのではなくて、きっちりと守れる約束を発信しないことには。そうでないと、パナソニックグループらしくないですから。

例えば、生活が多様化する中で、それぞれの人に合わせた利便性の新しい形をご提供する。今後のことを考えて、環境負荷のない形や資源循環を考えた上でモノづくりをしていく。

最近なら、おひとりさま用の食器洗い乾燥機なんて、今までにあまりなかった発想だと思います。炊飯器でも、自動的に計量して水とお米を入れて炊飯するというのも、これまでなかった発想です。今どきの利便性ですよね。

ブランドの強さという議論があります。商品を通じたブランドという意味で言ったら、そのときに多くの人に使われている商品で、しかも単独の商品でそれが達成できているところが一番強いんです。スマホは典型例で、二大ブランドがありますね。

ただ、こういう形だけがブランドではないと私は思っているんです。もっといえば、ブランド価値評価で高いポジションをとることが目的ではない。

そうではなくて、私たちの企業として、あるいはグループとして進めている活動にとって、価値ある形でブランド認知をしていただくことを優先すればいいと思っています。

一方で、生活が多様化しているわけですから、商品を通じて認知してもらう地域があってもいい。ヨーロッパだったら、ヒートポンプ式温水暖房機がいい、とか。アメリカなら、車載電池がいい、とか、パソコンのタフブックがいい、とか。

それぞれで、違っていいんですよ。ブランドランキングの上位になるというよりも、それぞれのステークホルダーに、いかに「パナソニックだったら大丈夫」と思ってもらえるか、です。

コングロマリットですから難しいんですが、やっぱり最後は一人ひとりの行動に尽きるんです。

＊

一人ひとりが、実はブランドを体現している。だから、一人ひとりを、一人ひとりの行動を変えていくことが、ブランドを変えていくことになる。さすがに深い示唆だ。

だからこそ、パナソニックＨＤは原点に戻った。30年間、成長していないという声があったが、さてこれからパナソニックＨＤが、パナソニックブランドが、どう変わっていくか。大いに注目したい。

（敬称略）

おわりに

忘れられないご縁がある。

２０１１年に放映されたＮＨＫのテレビドラマ「神様の女房」は、元松下電器産業の社員だった髙橋誠之助氏が書いた原作「神様の女房～もう一人の創業者・松下むめの物語」（ダイヤモンド社）が原作になっていた。

松下むめの氏は、松下電器産業の創業者・松下幸之助氏の夫人である。著者の髙橋氏は幸之助夫妻の最後の執事を務め、間近で偉大な創業者とその妻に接することになった。そこで知ったのが、幸之助氏も偉大だったが、妻のむめの氏も同じくらい偉大だった、という事実だった。

幸之助氏についての著作は山のようにある。しかし、むめの氏の偉大さについて書いた本はほとんどない。そこで髙橋氏は、むめの氏に関する資料なども紐解きながら、彼女の人生を１冊の本に書き残すことを決意した。

だが、１冊の本を自ら書くことは簡単なことではない。そこで、自分が話した内容をプロのライターに書き起こしてもらうという選択をする。経営者の本など、多くの本づくりがこの形式で書かれているが、長時間にわたって取材をし、著者のコンテンツをライターがまとめていくのだ。この職業をブックライターと呼ぶ。

この「神様の女房」のブックライターは、誰あろう、この本の筆者の私だったのである。実際、本のクレジットには、私の名前が入っている。私は長時間の取材に加え、かつての幸之助氏の自宅近くを一緒に歩いたり、思い出の品なども見せてもらうことになった。

幸之助夫妻はもう亡くなっているため、事実関係についてご本人たちの確認はできない。そこで、事実から膨らませていくフィクションの形をとった。私にとっては、フィクションのブックライティングは、この1冊しかない。それだけに、思い出深かった。

そして創業期から晩年に至るまで、夫妻のエピソードをたくさん耳にし、書き記すことになったが、まさか十数年後に自分がパナソニックグループについての本を書くことになろうなとは、夢にも思わなかった。人生とは、なんとも不思議なものである。

今回、グループCEOも代わり、組織体制も大きく変わったパナソニックグループがどんなことをやろうとしているのか、取材にあたっては大きな関心を持っていた。そして資料を紐解いて、驚くことになった。その核になっていたのが、原点ともいえる幸之助の考えに立ち戻ることだったからである。

その意味でも、まがりなりにも幸之助の本当にすぐ近くで仕事をしていた人から直接、幸之助についてたくさんの話を聞いていたことは、本書の執筆にあたって大いに活きたことは言うまでもない。

バブル崩壊後、日本企業は失われた20年とも、30年ともいわれる長い経済低迷に苦しんできた。そうした中で、海外企業が躍進し、いわゆるブランド価値でも大きく水をあけられることになった。

だが今回、本書を通じて改めてブランドとは何かということに向き合えたと思っている。それは単に知名度を上げるだけでも、マークを露出させることでもない。人々の心に、共感の心を呼び起こすということ。この会社を応援したい、と思わせること。幸之助が、会社とは何かということに立ち戻って、人々の共感を得たように。それは、とても日本的な地道な考え方でもある。

ただ、もしかすると今こそ、そうした日本的なるものに立ち戻るべきなのかもしれない。日本は、日本人はどんなところで世界から評価されてきたのか。それをしっかり認識しながら、ブランドを構築していく。そうすることで、日本独自のブランディングができる。そんな強い印象を持った。

最後になったが、本書の制作にあたっては、プレジデント社の編集本部出版事業室の髙田功さん、石塚明夫さん、出版プロデューサーの神原博之さんにお世話になった。
また、取材のアテンドにあたっては、パナソニック オペレーショナルエクセレンスコーポレート広報センター株式会社の小川均さん、石川ひとみさんにお世話になった。この場を借りて、感謝申し上げたい。

本書がこれからの日本企業の躍進に、少しでもお役立ちできれば幸いである。

2023年11月　上阪徹

創業者・松下幸之助の理念
「人間の幸福は、物心両面の豊かさによって維持される」は、今も引き継がれている。

本書は書下ろしです。

著　者　略　歴

上阪 徹
うえさか・とおる

1966年、兵庫県生まれ。85年兵庫県立豊岡高校卒。89年早稲田大学商学部卒。ワールド、リクルート・グループなどを経て、94年より独立。経営、金融、ベンチャーなどをテーマに雑誌や書籍、ウェブメディアなどに幅広く寄稿。著書に『成功者3000人の言葉』（三笠書房《知的生きかた文庫》）、『JALの心づかい』（河出文庫）、『子どもが面白がる学校を創る』（日経BP）など多数。また、『熱くなれ　稲盛和夫　魂の瞬間』（講談社）、『突き抜けろ　三木谷浩史と楽天、25年の軌跡』（幻冬舎）などのブックライティングを担当。

ブランディングという力(ちから)

パナソニックはなぜ認知度をV字回復できたのか

2023年12月15日　第1刷発行

著者
上阪 徹(うえさかとおる)

発行者
鈴木勝彦

発行所
株式会社プレジデント社
〒102-8641 東京都千代田区平河町2-16-1 平河町森タワー13F
電話　03-3237-3731（販売）
https://www.president.co.jp/　https://presidentstore.jp/

ブックデザイン
鈴木成一デザイン室

校正
髙松完子

販売
桂木栄一　高橋 徹　川井田美景　森田 巌　末吉秀樹　庄司俊昭

企画・編集協力
神原博之（K.EDIT）

編集
髙田 功 石塚明夫

制作
関 結香

印刷・製本
中央精版印刷株式会社

ISBN978-4-8334-5237-3 Printed in Japan